KB089221

(개정판)
영재성 바로 알기

영재성 바로 알기

지형범 지음

개정판

두드림미디어

《영재성 바로 알기》가 처음 출판된 해가 2016년이니 벌써 7년이 되었습니다. 독자층이 매우 얇은 종류의 책인데도 불구하고, 출판 시장에서 퇴장되지 않고, 다시 수요가 있어 개정 출판된다는 것은 사실 쉽지 않은 일일 것 같습니다. 같은 해에 출간된《숨겨진 영재성을 발견하라》, 번역서《영재 공부》중에서 가장 반응이 빠른 책이 된 셈입니다.

'영재(英才)'라는 단어가 주는 거부감이 있습니다. 중화권에서는 '자질이 우수한 아이'라는 뜻에서 '자우(資優)'라고 표현하고, 영어로는 '좋은 머리를 선물로 받은'이라는 뜻으로 'Gifted' 또는 '지적 재능이 부여된'이라는 뜻으로 'Talented'라고 표현하고 있습니다. 우리나라에서는 굳이 '영재'라고 번역해서 사용하는데, 그 단어의 출전은《맹자》입니다.《맹자》초두에 '선비의 삶에 있어 세 가지 즐거움이 있는데, 그중 하나는 천하의 영재를 제자로 얻어 가르치는 것이다'라는 대목에서 나옵니다. 천하영재(天下英才)에서 천하를 지운다고 해서 그 의미가 잘 희석되지 않는 것 같습니다. 따라서 영재라고 하면 텔레비전에 소개될 것 같은 '아주 특별한 능력을 아주 어린 나이에 발휘하는 아이들'이라는 고정관념이 생겨나버린 것입니다.

학술적으로 영재는 지적 능력에 있어서 최상위 2~3%에 속하는 아이들을 분류하는 것입니다. 쉽게 말해 한 반 학생이 30명 정도 되면, 그중 '머리가 가장 좋은 아이' 정도가 학술적 의미의 영재가 되는 것입니다. 따라서 이 아이들도 모아 놓으면 아주 많습니다. 매년 출생아 수가 줄어들어서 작년(2022년) 통계에서 출생아 수는 25만 명 이하가 되어버렸습니다. 그렇다고 하더라도 매년 만 명 정도의 아이들은 '영재'로 분류될 수 있을 것입니다. 우리나라 인구가 5,000만 명이라면, 성인 영재들도 대체로 170만 명 정도 될 것입니다. 그러니 '영재'라는 말은 일반적인 인식과 실제 사이에 아주 큰 간극이 있습니다. "그렇게 흔해 빠진 똑똑이들이 다 영재란 말이냐?"라고 할 만합니다. 그런데 학부모들이 그렇게도 선망하는 서울대, 연세대, 고려대, 카이스트의 한 해 입학 정원을 합치면 11,000명 정도가 됩니다. 또는 그런 대학보다도 더 간절히 원하는 의대, 한의대, 치과대 또는 약학대학의 입학 정원도 대략 6,000명 정도 됩니다. 그러니 지능지수로 평가되는 고지능 영재 아동들이 자기 잠재력을 다 개발해서 높은 학업성취도를 갖춰 나간다면, 그런 선호되는 학교들은 영재가 아닌 아이들에게는 기회가 없겠지요. 문제는 지적 잠재력이 그만큼 높다는 고지능 아동 중 태반이 학업성취도가 형편없습니다. 그것은 우리나라만의 현상이 아닙니다. 관련 서적과 논문 속에서 전 세계 모든 나라에서 똑같은 모순이 발생하고 있다고 말합니다. 이해하기 힘든 고지능 잠재력과 학업 미성취라는 이상한 일들이 왜 일어나는지를 설명하려고 무던히 애쓴 책이 《영재성 바로 알기》입니다.

'영재'라는 단어가 주는 묘한 적대감과 호기심을 유발하는 현상은 전 세계적입니다.《영재성 바로 알기》는 적대감과 호기심을 깨부수고자 하는 노력이지만, 아마도 결코 성공하지 못할 것입니다. 그러나 이 책을 들여다보기 시작하는 독자들은 생각보다는 이 안에 아주 재미있고 드라마틱한 비밀들이 들어 있다는 것을 발견하실 수 있습니다. 고지능 아동과 성인들은 사실 매우 특이한 특성을 공유하고 있으며, 그 사람들은 다른 사람들은 만들어내지 못하는 이상한 일들을 만듭니다. 찰리 채플린 Charles Chaplin이 말했습니다. '인생이란 가까이 다가서면 비극이고, 멀리서 지켜보면 희극이다Life is a tragedy when seen in close-up, but a comedy in long-shot.' 내 가족, 나의 자녀가 영재라면 여러분이 겪고 있는 어려운 양육 과정에서 다소나마 도움을 받으실 것입니다. 그렇지 않다면 머리 좋다는 아이들이 겪는 이상한 어려움들이 이상한 나라의 이상한 코미디 같을 수도 있습니다. 내 가족이 아니라도 교사라면 자신이 맡은 학급에 1명 정도는 강한 특성 때문에 학교생활을 어려워하는 학생이 있다는 것을 인식해야 합니다. 그리고 그 학생 뒤에는 어려움과 혼란에 빠진 가족이 있다는 것을 아셔야 합니다. 그 가족에게 이 책을 소개하거나 일독을 권하거나 선물할 수도 있습니다.

영재 아동들이 어려움을 극복하고 잘 성장하게 되면, 실제로 국가경쟁력은 잘 성장한 영재들이 만들어낼 수 있습니다. 하지만, 세계 각국의 교육 책임자들은 똑똑한 아이들을 잘 성장시키는 데 필요한 예산을 확보하지 못하고 있습니다. 많은 예산을 써야만 하는 이유를 잘 설득하지 못하고 있습니다. 오히려 "그 잘 난 아이들을 위해 평범한 우리 서민들의 세금을 마구 써야 하겠 냐?"라는 비난을 이겨내지 못합니다. 최근 매스컴을 통해 이름 이 알려진 영재 아동이 첫 손에 꼽히는 영재 고등학교에 다니다 견디지 못하고 자퇴했다는 소식이 알려지면서 큰 논란이 일어 났습니다. 나름 오피니언 리더라고 할 만한 사람들, 또는 발언권 이 있다 하는 인사들이 짤막하게나마 의견들을 내놓고 있습니 다. 결과적으로는 당사자, 당사자의 가족, 학교, 교사, 급우들 모 두 피해자가 되고 있습니다. 이런 물의가 일어난다는 것은 그만 큼 사람들의 관심을 자극하는 요소들이 있다는 것이고, 따라서 한마디씩 하고 싶은 말이 있다는 것을 보여줍니다. 영재는 전체 인구 중 2~3%나 됩니다. 누구든지 자기 주변에는 남다른 특성 을 가지고 여러 가지 문제를 유발하기도 합니다. 때에 따라서는 무언가 남들이 하지 못하는 일들을 해낼 수 있습니다. 우리는 그 런 존재들이 실제로 있다는 것을 알아야 합니다. 먼 나라에 있 는 우리와 상관없는 이야기 속에만 존재하는 사람들이 아닙니 다. 적어도 학교에서 일하고 있는 사람들, 교사, 교직원, 학교 운 영자들에게는 제대로 알아야 하는 존재들입니다.

1996년 멘사 코리아가 한국에서 활동을 시작한 것이 이제 27 년이니까 곧 30년이 되어가고 있습니다. 영재들이 그다지 학업 에서 성공적이지 못하다는 것에 관해 궁금해하던 중, 《영재 공 부 원제 Guiding the Gifted Child》를 우연히 읽게 된 것이 1999년입니다. 《영재 공부》가 처음 번역 출판된 것이 2006년, 그런 일들이 계기가 되어, 영재 가족들을 만나기 시작했습니다. 2016년 《영재성 바로 알기》 초판에서는 12년간 600 가족을 만났다고 적었는데, 이제는 19년간 8,000가족 정도를 만난 것으로 추산됩니다. 매년 지능검사를 하거나, 다른 곳에서 지능 평가를 한 다음, 무언가 설명이 부족하다고 해서 상담해서 만나는 가족이 점점 늘어나고 있습니다. 이제는 1년에 만나는 가족 수가 1,000가족이 넘어가고 있습니다. 그사이에 '이든'이라는 이름의 커뮤니티도 많이 성장했습니다. 부모 세미나에 참석하시는 가족들도 많아졌고, 네이버 카페 회원도 대략 7,000명, 제가 올리는 유튜브 '지쌤의 지니어스 TV' 구독자도 8,250명(2023년 9월 기준)이 되었군요. 그사이에 저도 대학원에서 '영재 교육' 전공으로 석사 학위도 받았습니다. 박사 과정도 수료했습니다. 커뮤니티가 형성되면서 의미 있는 발전이 서서히 진행되고 있습니다. 좀 더 체계적이고, 더욱 준비된 부모 훈련 프로그램도 준비하고 있습니다. 이 책이 계기가 되어 아이의 양육에 대해 혼란에 빠진 많은 가족이 문제를 극복했으면 좋겠습니다. 아이가 가진 잠재력을 일깨울 수 있는 방법을 찾아 나가는 길을 여기서 찾으시길 빕니다.

2023년 9월

지형범

우리나라 사람들은 일생에 한 번 이상 지능 검사를 받았을 것입니다. 갈수록 사교육이 왕성해지면서 '머리가 좀 된다' 하는 요즘 학생들은 훨씬 더 자주 지능 검사를 받고 있습니다. 그런데 그 지능 검사와 지능 지수가 과연 믿을 만한 것일까요? 지능 지수만큼 불신 받고 있는 시험 결과도 흔치 않습니다. 이토록 불신을 받는 지능 검사가 점점 더 많이 사용되는 모순은 어디서 오는 것일까요?

1996년에 '멘사Mensa'라는 국제적인 동호회가 한국에 상륙했습니다. 1946년에 영국에서 시작된 멘사라는 단체는 지능 지수가 상위 2%를 넘는 사람만 가입시켜 주는 특이한 곳입니다. 이 모임에서 머리 좋다는 친구들 수천 명을 만나보게 되었습니다. 이 사람들이 가지는 가능성과 현실적인 한계를 가까이서 관찰할 수 있었습니다. 그것이 계기가 되어 지능 지수와 지능 검사에 대해 궁금증을 느꼈습니다.

서적과 자료를 접하면서 지능 지수와 지능에 대해 새로운 것들을 알게 되었습니다. 한마디로 인간의 지적 능력의 한계는 우리가 생각하는 것보다 훨씬 더 깊고 더 높고 더 넓다는 것입니다.

지능 지수는 단순한 수치이기보다는 훨씬 더 깊은 의미를 가지고 있습니다. 우리가 성격이라고 생각해왔던 것 중에는 인지 능력에 관련된 것들이 많습니다. 인지 능력과 정보 처리 속도는 사람들의 성격 중에서 많은 부분을 결정합니다. 물론 지능 지수는 절대적인 숙명은 아닙니다. 그 사람의 모든 미래를 결정하는 바로미터가 될 수 없습니다. 돈 버는 능력을 결정하지도 않으며 행복한 인생을 보장하는 것도 아닙니다. 무엇보다 놀라운 사실은 학교 성적조차도 지능 지수로 보장되지 않는다는 것입니다. 하지만 지능 지수를 제대로 평가하고 그 의미를 바로 아는 자세는 대단히 중요하다는 것을 깨닫게 되었습니다.

지능은 마치 '중력'과 같습니다. 노력을 통해 한동안 그 사람이 가진 지능 이상의 성과를 낼 수도 있습니다. 많은 잠재력을 가진 사람도 잠재력을 개발하지 않으면 정체에 빠진 것처럼 보입니다. 하지만 각 사람에게 주어진 선천적인 지능은 지적인 능력을 개발하는 부분에서는 결정적입니다. 실제로 선천적인 지능 이상으로 능력을 발전시키기는 어렵습니다. 또 잠재력을 가진 사람은 동기 유발이 되면 순식간에 능력을 쉽게 개발해낼 수 있습니다.

조기 교육과 집중적인 관리를 통해 최상위권의 성적을 유지하던 학생이 고등학교 진학 이후 급격히 성적이 떨어지는 일들이 많습니다. 노력을 통해 유지되는 성적은 자신의 지적 능력 한계를 한 등급 이상 극복하기 어렵습니다. 반대로 별다른 노력 없이도 진학 이후 급격히 성적을 끌어 올리는 학생들도 적지 않습니다. 이런 현상은 지적 잠재 능력과 깊이 연관되어 있습니다.

의외로 지능 지수와 지능 검사에 대한 자료들은 비밀도 아니고 아주 어렵지 않았습니다. 하지만 아주 적은 사람들만 이 문제에 대해 깊은 관심을 갖고 있습니다. 대부분의 사람들은 사주풀이나 토정비결을 읽어 보는 정도로 아주 피상적인 호기심만을 만족시켰을 뿐입니다. 그만큼 오해도 많습니다. 지능 지수에 대한 이야기를 하게 되는 이유는 이것을 통해 우리가 많은 것을 얻을 수 있기 때문입니다. 앞으로 자라나는 다음 세대의 교육과 행복한 미래를 위해 지능 지수에 대한 이해가 꼭 필요하다는 것을 확신하게 되었습니다.

《영재교육백서》를 처음 영문 원서로 읽었던 것이 1998년쯤이었습니다. 그 내용을 요약해 이메일로 퍼뜨린 것이 계기가 되어 온라인에서 많은 영재 가족들을 만났습니다. 지난 12년간 600가족 이상을 만났습니다.

처음에는 온라인 상담으로 시작해서 전화 상담, 개별 면접까지 하게 되었습니다.

2006년 《영재교육백서》가 번역 출간되면서 사이트는 좀 더 활성화되었습니다. 가끔씩 오프라인 모임이 열리다가 2008년 가을에 워크숍이 열렸습니다. 20여 가구가 한자리에 모여 밤새워서 이야기를 나눴습니다. 지능이 높은 아이들의 부모들이 얼마나 큰 어려움에 빠져 있는지도 알게 되었습니다.

건강하게 태어난 아이들은 부모의 능력과 상관없이 정말 많은 잠재력을 가지고 세상에 옵니다. 출산과정에서 어려움을 겪었던 아이들 중에도 놀라운 잠재력을 가진 경우가 많습니다. 새로 태어나는 세대의 아이들은 부모들보다 훨씬 뛰어난 지적 잠재력을 보여주고 있습니다. 가히 '모든 아이들은 천재로 태어난다'라는 말이 과장이 아닙니다.

하지만 냉정하게 말해서 모든 아이들이 천재나 영재인 것은 아닙니다. 아이들 중에는 상대적으로 특별한 아이들이 있습니다. 그런 특별한 아이들에 대한 이야기를 하려고 합니다. '영재'라는 단어는 사람들에게 호기심을 자극하기도 하지만, 그와 동시에 두려움이나 불쾌함을 일으키기도 합니다. 고도 영재에 대한 이야기는 그래서 어렵습니다.

우선 말을 꺼내기 쉽지 않은 단어입니다. 많은 부모들이 "우리 아이가 꼭 영재인 것 같지는 않습니다"라는 말부터 시작합니다. 하지만 상담을 진행해보면 영재 기준을 훌쩍 뛰어넘는 고도 영재에 해당하는 아이일 경우가 더 많습니다. 이렇게 자기 자녀의 영재성을 의심하는 이유는 학교에서의 평가가 그다지 좋지 못 하기 때문입니다.

"성적도 좋지 못 하고, 학교생활에서 여러 부적응 현상을 보여주는 아이가 영재라고 할 수 있을까요?"

영재들은 집단 교육체계 속에서 고통받고 있습니다. 영재들은 집에서 가족들과 지낼 때는 별다른 문제없이 생활합니다. 하지만 집단 교육을 받기 시작하면서 예기치 못한 많은 문제들을 만나게 됩니다. 영재들에게는 학습 재조정이 필요합니다.

학습 재조정은 엘리트 교육과는 다릅니다. 영재들에게 적정한 진도와 학습 환경을 제공하면 결과적으로 사회와 국가 전체가 그 혜택을 누리게 될 것입니다. 그러나 영재가 과연 누구인지, 영재의 특성이 과연 무엇인지 우리는 잘 모르고 있습니다. 영재의 특성에 대해 오해를 하고 있습니다. 우리는 영재에게 준재(俊才)에게나 적합한 교육방식을 강요하고 있습니다. 평균적인 학생들보다 적당히 우수한 준재들은 지금의 교육체계 내에서 혜택을 누리고 있습니다. 하지만 이런 교육체계는 영재들이 가진 특성을 말살하고 그들을 패배자로 만들고 있습니다. 그런 아이들의 실패는 그 아이가 영재가 아니었기 때문이라고 생각하고 있습니다.

책의 Part 01에서는 우선 고도 영재는 어떤 사람들인지를 살펴봅니다. 역사적으로 큰 업적을 남기고 인류 역사의 흐름을 바꿔 놓은 천재들 몇 사람의 어린 시절을 살펴보았습니다. 적어도 몇 가지 교훈을 얻을 수 있습니다. 이 사람들에게는 오히려 장애나 약점이 있었습니다. 조산아도 있었고, 장애인도 있었고, 사생아도 있었고, 유복자도 있었습니다. 객관적으로 아주 좋은 환경 속에서 성장했다고 하기 어렵습니다. 위대한 학자와 창의적인 천재에게 한 가지 공통점이 있습니다. 몰입의 특성입니다. 고도 영재에게는 몰입할 수 있는 능력이 있고, 그런 능력을 개발할 수 있는 조건과 환경이 있었습니다.

Part 02에서는 높은 지능 지수를 가지면서도 학교생활에 잘 적응하지 못하는 고도 영재들에 대해 이야기합니다. 이런 영재들을 우리는 '미성취 영재'라고 부릅니다. 왜 미성취 영재가 생겨날까요? 그런 영재들은 과연 영재라고 부를 수 있을까요? 미성취 영재에 대해 생각해봐야 하는 이유가 있습니다. 우리가 가진 영재에 대한 잘못된 관념이 여기에서부터 시작되기 때문입니다. 미성취 영재를 제대로 성장시킬 수 있는 학교가 생긴다면, 우리 교육이 어떻게 바뀌어야 하는지 알게 될 것입니다.

Part 03에서는 영재를 판별하는 기준이 되는 지능 지수에 대해 알아봅니다. 지능 지수에 대한 일반의 인식과 지능 지수 전문 학자들의 견해가 어떻게 다른지 살펴봅니다. 지능 지수는 100년의 역사를 가집니다. 나름대로 많은 발전을 해왔습니다. 하지만 여전히 많은 문제가 있습니다. 무엇보다 지능 지수는 불신을 받고 있습니다. 특히 교육 전문가라고 할 수 있는 교사들이 지능 지수를 불신합니다. 그럼에도 불구하고 여전히 지능 검사가 시행되고 있습니다. 오히려 더 많이 사용되고 있습니다. Part 03에서는 과연 지능 지수와 지능 검사는 믿을 만한 것인지 살펴봅니다. Part 03까지 꼼꼼히 읽은 사람들조차 막상 자신의 자녀가 영재인지 확신을 가지지 못할 것입니다. 많은 이들이 '모든 부모들은 자기 자녀를 영재라고 생각한다'라고 믿습니다. 또 쉽게 그렇게 말합니다. 과연 그럴까요? 현실은 어쩌면 그 반대일 수도 있습니다.

객관적으로 영재라고 평가하고 있는 결과지를 손에 들고도 확신하지 못하는 부모들이 태반입니다. 왜냐하면 객관적으로 학업성취도 면에서 아이가 지능 지수에 걸맞은 높은 결과를 보여줘야만 진짜 영재라고 생각하기 때문입니다.

그러나 고도 영재가 자신의 잠재력을 개발하기 위해서는 특별한 조건이 필요합니다. 고도 영재이기 때문에 갖는 어려움이 있기 때문입니다. 영재의 잠재력을 개발하는 것은 조기 교육이나 선행학습이 아닙니다. 가장 중요한 것은 부모의 믿음입니다. 그리고 고도 영재들이 처해 있는 환경을 잘 이해해야 합니다. 이 아이들에게는 지적 자극이 굳이 필요하지 않습니다. 오히려 이 아이들이 꼭 필요로 하는 것은 서로 어울릴 수 있는 또래 집단입니다. 서로의 정서적 성장을 도와줄 수 있는 친구들이 필요합니다. 대화와 협력 작업을 통해서 성장해야 합니다. 자신과 비슷한 종족이 꼭 필요합니다.

사람들은 고도 영재의 존재에 대해 매우 야박스럽게도 믿어주지 않습니다. 영재란 이미 업적이 뚜렷한 역사적인 인물 같아야 한다고 생각합니다. 이미 놀라운 능력을 가지고 있어야만 영재라고 믿습니다. 가끔씩 매스컴에 등장하는 신동과 같은 존재라고 믿고 있습니다. 그러나 영재들의 일상적인 모습은 그렇지 않습니다. 문득 재능의 가능성을 보여주기는 하지만 아주 까다롭고, 때로는 평범하고, 때로는 어수룩하고, 때로는 오히려 여러 가지 약점을 보입니다. 사람들은 문제가 많은 영재의 일상을 모릅니다. 따라서 문제가 많은 동네 옆집 아이가 영재라고 절대로 인정하지 않습니다.

Part 04에서는 자녀에게 영재 특성이 얼마나 있는지 가늠해 볼 수 있는 여러 가지 자료들이 포함되어 있습니다. 그저 상위 2%에 해당하는 지능 지수를 평가받았다면, 그 아이는 고도 영재나 초고도 영재가 될 수 있는 잠재력을 가진 것입니다. 그렇다고 부모 스스로 확신할 수 있어야 합니다. 그저 상위 3% 혹은 5% 정도의 지수를 보여주어도 어떻게 양육하느냐에 따라 아이는 지적인 능력이 부족해서 실패하지는 않을 것입니다. 그런 아이들도 초고도 영재가 가진 특성 중에서 일부를 공유하고 있으며 그만큼 어려운 특성도 가지고 있습니다.

Part 05에서는 이른바 영재 특성 중에서 부정적인 요소에 대해 어떻게 대처하는지를 정리했습니다. 긍정적인 요소는 어떻게 강화시켜 나아갈지에 대한 여러 가지 방안들을 모았습니다. 실제로 이 아이들은 또래 집단과의 관계에서 독특한 어려움을 겪게 됩니다. 겉으로는 잘 적응하는 듯 보여도 조만간 큰 어려움을 겪게 될 위험성이 높습니다. 하지만 그 어려움을 덜어주고 행복한 유년 시절을 만들어주는 것이 불가능한 것은 아닙니다.

오히려 아이의 특성을 잘 살려주면 행복하면서도 생산적인 시절을 지낼 수 있습니다. 부모들이 몇 가지만 놓치지 않아도 가족 모두가 행복해질 수 있습니다.

핵심은 영재의 특성을 정확히 이해하는 것에서 시작합니다. 비슷한 입장에 처한 가족들이 모일 필요가 있습니다. 그러기 위해서는 아이의 우수함을 서로 비교해보지 않아야 합니다. 서로 아픈 상처를 가지고 있다는 것을 인정하면서 우호적인 커뮤니티를 만들어 나가야 합니다.

미국과 한국에서 초보적인 형태로나마 이런 모임이 자라나고 있습니다. 대단히 고무적인 일입니다. 그리고 이 책이 쓰인 목적도 그런 모임이 자라나서 고립되어 있는 가족들에게 도움이 되어야 하기 때문입니다. 특히 지역에 떨어져서 하소연할 곳도 없는 가족들이 많습니다. 혜택을 고루 미칠 수 있는 네트워크가 만들어지면 이 모임을 통해 어려움을 덜게 될 가족들이 무척 많습니다. 더 많은 사람이 이 문제에 대해 같이 고민하고 같이 발전시켜야 합니다.

지형범

차 례 contents

초고도 영재는
어떤 사람들인가?

초고도 영재에 대한
여러 가지 오해들

영화나 문학 작품에서 그려지는 영재나 천재들의 모습은 과장이 되어 있습니다. 영재들이 가진 놀라운 능력을 극적으로 보여주는 것에 빠지기 쉽습니다. 그 결과, 초고도 영재 혹은 고도 영재에 대해 오해가 많습니다.

고도 영재들은 감각이 유난히 발달되어 있고, 그에 따라 감수성이 예민합니다. 이는 흔히 발견되는 공통점이긴 하지만, 그런 특징들이 지나쳐서 보기에 따라서는 병적으로 보일 수 있습니다. 실제로 정신 신경계에 기질적인 장애가 같이 있을 수도 있습니다. 하지만 고도 영재 중에는 괴팍한 사람도 있지만, 전혀 그렇지 않은 사람도 있습니다. 보통 아이들도 자라는 과정에서는 균형이 안 잡힐 수도 있고, 지나친 성격이 드러나는 일도 있습니다. 따라서 자라는 과정에서 한때 나타나는 특징을 모두 병적인 것으로 여겨서는 안 됩니다.

아인슈타인Einstein이나 뉴턴Newton, 에디슨Edison 같은 이들에 대한 많은 에피소드들이 과장되게 전해지기도 합니다. 실제로 괴이쩍은 행동에 대한 이야기가 많이 남아 있습니다. 하지만 그런 것들이 고도 영재라고 해서 반드시 나타나는 특징은 아닙니다. 유별난 특징들이 나타나기도 하지만, 그것이 고도 영재들이 가진 성격이나 기질과 어떻게 관련되어 있는지 깊이 연구되지는 못했습니다. 학자에 따라서 여러 가지 의견이 엇갈리고 있습니다. 우선 역사적으로 잘 알려진 천재들의 모습들을 살펴보는 것이 고도 영재의 특성을 이해하는 데 도움이 될 것입니다.

레오나르도 다 빈치
(Leonardo da Vinci, 1452~1519)

레오나르도 다빈치(이하 '다빈치')는 빈치 지방 출신의 귀족 피에로Piero의 사생아로 태어나 문예 부흥기에 가장 각광받는 미술가로 활동했습니다. 다빈치의 그림 중에서는 유럽 최고로 인정받는 작품들이 많습니다. '모나리자'와 '최후의 만찬'은 모르는 사람이 없습니다. 다빈치는 화가로서만 재능을 가진 것  이 아닙니다. 수학자, 조각가, 건축가, 음악가, 과학자, 공학자, 발명가, 해부학자, 지질학자, 식물학자, 문필가로서도 많은 업적을 남겼습니다. 탁월한 예술적 감성 못지않게 매우 논리적이고 합리적인 지성을 겸비했습니다. 강한 호기심과 열정을 가지고 당시 모든 분야에서 뛰어난 실력을 보여주었습니다. 각 분야에서 선생님의 지도를 받지도 않고 혼자 연구해 최고의 경지에 도달했습니다. 미술 분야에서만 대가에게 지도를 받았습니다. 그가 남긴 메모와 노트 안에는 각종 공학적 기구의 설계도가 들어 있습니다. 그중 대부분이 20세기에 실제로 만들어졌습니다. 비행기, 탱크, 태양 전지, 자동 계산기, 이중 선체 선박에 대한 구상과 스케치를 발견할 수 있습니다. 판구조론에 대한 기본적인 아이디어도 발견됩니다.

다빈치는 매우 난해한 과제들을 막힘없이 아주 손쉽게 다뤘습니다. 사람들이 이해하기 어려워 하는 분야도 짧은 시간에 깊은 곳까지 도달했습니다. 당대의 인물뿐 아니라 현대의 대학자들과 비교해서도 그의 재능과 지성의 경지가 어디까지인지 가늠하기 어렵습니다. 그의 탁월함에 대한 찬사는 끝이 없으며, 인물에 대한 신비감도 커서 각종 문학이나 민화를 통해 전해지는 확인되지 않는 이야기들이 많습니다.

수많은 기록과 유품을 통해 확인되는 바와 같이, 그의 재능과 업적은 부정하기 어렵습니다. 한 사람이 그렇게 많은 재능을 모두 갖는다는 것이 어떻게 가능할까요? 어떤 사람들은 시대적 배경을 강조합니다. 고전 지식과 자료가 재발견되고 있던 시대에 무역으로 큰 부를 축적하던 이탈리아는 실제로 많은 천재들의 활동 무대가 되었습니다. 그렇다고 하더라도 그와 같은 다재다능한 천재는 역사상 드뭅니다.

다빈치는 끊임없이 새로운 과목에 대해 배우고 싶어 했고, 얼마 후에는 또 다른 과제에 대해 흥미를 보였습니다. 산수를 시작하자, 진도가 빨라서 불과 몇 달 뒤에는 가르치던 교사를 온갖 어려운 질문으로 당황시켰습니다. 새로운 문제를 스스로 만들어 교사에게 들이밀기도 했습니다. 어떤 과목을 공부하거나 활동할 때도 손으로 끊임없이 무언가를 그렸다고 합니다. 아버지는 다빈치의 재능을 알아차리고, 당시 플로렌스에서 가장 큰 그림 전문 워크숍을 운영하던 안드레아 델 베로키오^{Andrea del Verrocchio}에게 데려가 도제로 맡겼습니다. 당시는 그림 회화에서 원근법을 이용하는 새로운 기법이 인기였습니다. 그림에 입체감을 주어 사실적으로 느끼게 하는 기법이었습니다. 이 기법을 사용하려면 기하학을 알아야 했습니다. 배운 지 얼마 되지 않아, 다빈치는 기하학에 대해 최고의 경지에 이르렀다고 인정을 받았습니다.

다빈치는 성격이 매우 온화하고 주위 사람들에게 많은 온정을 베푸는 사람이었습니다. 재치가 넘치는 타고난 이야기꾼이었고, 용모도 깔끔하고 아름다웠습니다. 신체도 극히 건강했고, 근력도 좋아서, 폭력배를 손쉽게 제압하기도 했습니다. 오른손으로 철로 된 둥근 고리나 편자나 문고리를 엿가락처럼 구부릴 정도였습니다. 상대가 가난하든지, 부자이든지 주변 사람에게 음식 베풀기를 즐겼고, 고민에 찬 친구들을 위로했습니다. 설득력도 뛰어나서 필요하면 언제든지 사람들을 자신의 의지대로 움직이게 할 수도 있었습니다.

　왼손을 잘 사용한 것으로 알려져 있는데, 글씨를 오른쪽에서 왼쪽으로 써서 마치 거울에 비친 상처럼 적어 놓은 노트도 발견됩니다. 역사적으로 가장 유명한 왼손잡이입니다. 좌뇌, 우뇌 이론의 실마리도 결국 다빈치가 제공한 셈입니다.

아이작 뉴턴
(Isaac Newton, 1643~1727)

아이작 뉴턴(이하 '뉴턴')은 고전 역학을 완
성한 수학자 겸 천문 물리학자입니다. 그의
명성은 현대 학자들과 비교해도 워낙 탁월해
비교 대상이 없을 정도입니다. 대부분의 이
론 물리학자들은 어려운 문제에 부딪혀 진전
을 보지 못하다가, 다른 학자의 수학 이론을

이용해 난제를 해결했습니다. 뉴턴은 스스로 미적분학을 개발
해서 수학 이론체계도 한 차원 확장시켰습니다. 이런 학문적인
업적은 이전에도 없고 그후에도 없습니다.

뉴턴이 완성한 고전물리학은 이후 300년간 서부 유럽의 과학
과 기술이 발전할 수 있는 든든한 토대가 되었습니다. 뉴턴이 개
발한 미적분학이 서구 과학 기술에 끼친 영향은 크고 깊습니다.

매우 복잡해서 다루기 힘든 과제를 분석하는 가장 중요한 도구가 되었습니다. 각종 공학이나 과학 분야에서 미적분학은 새로운 이론을 세우기 위한 절대적인 무기가 되었습니다.

뉴턴은 같은 이름을 가진 아버지의 유복자(임신 중 아버지가 사망한 경우)였고, 1.1 킬로그램 이하의 미숙아로 태어났습니다. 그의 어머니가 재혼하는 바람에 뉴턴은 3살 때부터 외할머니에게 보내져서 양육되었습니다. 뉴턴은 어머니를 미워하고 계부를 무척 싫어했습니다.

12살에서 17살 사이에 그랜덤 왕립학교에서 공부했으나 학교 생활에 적응하지 못하고 퇴교했습니다. 학교에서는 집단 따돌림을 당한 것으로 보입니다. 그의 어머니는 농부가 되길 원했으나 뉴턴은 농사일을 싫어했습니다. 헨리 스톡스 Henry Stokes 교장이 학교를 끝마치도록 어머니를 설득했습니다. 학교로 돌아가자 자신을 괴롭히던 아이들에게 복수하겠다는 마음으로 학업에 몰두한 결과, 수석을 했습니다.

1661년, 영국 캠브리지에 있는 트리니티 칼리지 연구원 자격으로 입학 허가를 받았습니다. 당시 대학은 주로 아리스토텔레스의 고전들을 교재로 삼아 가르쳤습니다. 뉴턴은 새로운 과학을 추구하던 과학자들에게 관심을 가졌습니다. 뉴턴에게는 데카르트 Descartes, 코페르니쿠스 Copernicus, 갈릴레오 Galileo, 케플러

^{Kepler} 같은 이들의 연구가 보다 매력적이었습니다. 평생 결혼하지 않았으며 병약했습니다.

뉴턴은 미적분 이론, 광학, 고전 역학에서 불후의 업적을 쌓았습니다. 뉴턴의 기괴한 행동도 많이 전해집니다. 그의 호기심과 탐구 열정은 때로 남들이 보기에 괴상했습니다.

그는 혼자 있기를 좋아했습니다. 어린 시절, 그는 일반적으로 사람들이 그에게 기대하는 것들에는 흥미를 느끼지 못했습니다. 편집증에 가까울 정도로 과민했으며, 매우 산만했습니다.

전해지는 이야기에 따르면 이상한 행동도 많이 했습니다. 아침에 갑자기 떠오른 생각을 잊지 않기 위해 두 발을 흔들면서 몇 시간이나 침대에 앉아 있기도 했고, 자신의 실험실에서 가죽을 꿰맬 때 쓰는 긴 바늘을 눈에 넣고 돌리는 일에 재미를 붙이기도 했습니다. "안구와 뼈 사이에 가장 깊숙한 곳까지 바늘을 넣으면 무슨 일이 생기는지 궁금했다"라고 말했습니다.

50대에 들어서는 심각한 정신질환에 시달렸습니다. 주변 사람들을 의심하고 망상에 사로잡혀 친한 사람들을 적대시하고 비난하기도 했습니다.

뉴턴이 관심을 가진 분야는 당시 사람들로서는 이해하기가 어려운 지극히 추상적인 것들이었습니다. 그 결과 미적분학과 천문학에서 탁월한 업적을 쌓았습니다. 하지만 극히 소수의 사람들만 접근할 수 있는 특별하고 비밀스러운 고전 자료 수집에도 몰두했습니다. 대표적인 예로 뉴턴은 연금술에 깊이 몰두했습니다. 적어도 반평생을 소비해 연금술에 관련된 이론과 지식을 수집했고 무수한 실험을 했습니다. 그래서 어떤 사람들은 뉴턴을 '최후의 연금술사'라고 부르기도 합니다.

토머스 에디슨
(Thomas Alva Edison, 1847~1931)

에디슨의 아버지는 캐나다의 맥켄지 반 란 사건에 연루되어 캐나다로부터 망명 해야 했습니다. 에디슨은 학교에 가서 3 개월 만에 담임교사(엥글 목사)로부터 가 망 없는 아이라는 소리를 들으면서 쫓겨 났습니다.

에디슨은 수학 시간에 밀가루 반죽 두 덩어리를 합치면 다시 한 덩어리가 된다면서 '1+1=1'이 맞을 수도 있다고 생각했습니 다. 이런 주장을 하면서 선생님과 실랑이를 벌였습니다. 이 이 야기가 많이 알려져 있기는 하지만 실제로 있었던 일인지 확인 하기는 어렵습니다. 하지만 에디슨은 수업 중 딴생각이 많았고, 교사에게 대답하기 어려운 질문을 자주 했던 것은 분명합니다.

결국 에디슨의 어머니가 에디슨을 홈스쿨링으로 교육했습니다. 이 홈스쿨링 과정은 에디슨의 성장에 있어서 결정적이었으며, 에디슨은 스스로 "나는 어머니 손으로 만든 존재"라고 고백했습니다. 에디슨의 어머니는 에디슨이 가진 잠재력을 절대적으로 확신했습니다. 에디슨은 "어머니는 내가 가진 능력을 증명해야 하는 이유였다"라고 말했습니다.

에디슨의 업적은 미국뿐 아니라 전 세계의 산업을 크게 바꾸어 놓았습니다. 과학자들의 전유물이었던 전기 현상을 일상적인 실용 기구에 사용하게 만든 사람입니다.

무엇보다 전등과 현대적인 발전 설비를 동시에 발명하고 개발에도 성공했습니다. 그 결과 조명 산업 자체를 탈바꿈시켰습니다. 에디슨 이전에는 등유로 호롱불을 켜거나 가스등을 이용했습니다. 전기의 보급은 현대 문명의 보급과 동의어가 되었습니다. 편리하고 밝은 빛을 통해 인류의 야간 생활은 에디슨 이전과는 전혀 달라졌습니다.

영화와 전축은 획기적인 기록 매체가 되었습니다. 문자를 통한 기록과 음성과 영상을 통한 기록에는 큰 차이가 있습니다. 음성과 영상을 통한 정보는 글을 통해 전달할 수 있는 정보와는 근본적으로 달랐습니다. 문명과 문화가 한 단계 더 높은 수준으로 올라갔습니다.

에디슨은 성홍열 후유증으로 생긴 중이염을 제대로 치료하지 않아서 결국 청력을 거의 잃었습니다. 한번은 기차에서 실험을 하다가 화재를 일으킨 일이 있었습니다. 차장이 에디슨을 기차 밖으로 실험기구들과 함께 던졌습니다. 그때 차장에게 맞아서 청력을 잃었다는 이야기가 같이 전해집니다. 후에 에디슨은 이 야기를 각색해 오히려 차장이 기차로 다시 끌어 올릴 때, 귀를 잡아당겨서 그랬다고도 말했습니다.

에디슨은 어려서부터 호기심이 많았습니다. 달걀 부화에 대한 이야기를 듣자 자기의 체온으로 병아리가 부화되는지 알고 싶었습니다. 곧바로 실험에 돌입해 오랜 시간을 참으며 실제로 부화가 되는지 확인하려고 했습니다.

관찰력이 뛰어났고, 끊임없는 호기심으로 질문이 많았습니다. 무언가에 골똘히 빠져서 백일몽을 꾸는 모습을 곧잘 보였습니다.

기억력도 아주 좋았습니다. 13살 때에는 주변에 있는 거의 모든 책을 읽었고, 책에서 기록된 것들을 실험하려고 했습니다.

에디슨의 탐구정신은 실제로 많은 사고를 일으켰습니다. 실험기구들은 화재를 일으킬 수도 있었고, 에디슨이 모아들인 화공약품은 독이 될 수 있었습니다. 집의 다락방에 화공약품이 들어 있어서 주변 사람들이 무심코 마셔서 중독사고가 일어날 수 있었습니다. 에디슨의 어머니는 걱정하며 화공약품을 집 안에서 없애줄 것을 요구했지만, 에디슨의 실험을 막지는 못했던 것 같습니다. 결국 그는 그의 실험 약품에 '독약'이라는 표시를 붙이는 것으로 타협했습니다.

에디슨은 날 수 있는 기구를 만들어서 실험을 하고 싶었습니다. 어느 날 동네 친구를 유인해 자신이 만들어낸 날개 달린 기구를 입고 지붕 위에서 뛰어내리게 했습니다. 에디슨에 대해서 언제나 너그러웠던 어머니도 이때만큼은 에디슨을 호되게 꾸짖었습니다.

에디슨은 천재적이었지만 다빈치나 뉴턴과는 달랐습니다. 끊임없는 실험을 어리석을 만큼 반복하면서 모든 종류의 실험을 끈질기게 계속해서 결과를 만들어내는 성격이었습니다. 이론적인 예리함과 명석함을 중시하지는 않았습니다.

알베르트 아인슈타인
(Albert Einstein, 1879~1955)

아인슈타인이 어렸을 때 말을 잘 못했 다는 것에 대해서는 논란이 있습니다. 하 지만 초등학교의 성적은 뛰어났습니다. 아버지의 사업이 실패해 가족들은 이탈 리아로 이주했으나, 아인슈타인은 김나 지움(Gymnasium, 중등학교 과정)의 학업 을 마치기 위해 뮌헨에 남아 있었습니다.

거기에서 아인슈타인은 학교의 규율과 충돌을 일으켰습니다. 자서전에 '주입 암기식 교육 때문에 자신의 창의적인 사고력이 손상되었다'라고 적었습니다.

1년 뒤, 아인슈타인은 학교를 자퇴했습니다. 학교에는 건강상 의 이유로 자퇴가 필요하다는 의사의 의견 기록을 제출해 허락 을 얻어냈습니다. 이 시기에 그는 '자력장에서의 에테르 상태에 대한 조사'라는 과제를 연구하기 시작했습니다.

자퇴하자 곧바로 스위스의 취리히 공과대학 입학시험에 응시했습니다. 수학과 물리학 시험에서 탁월한 점수를 획득했지만, 고등학교 졸업 자격이 없었기 때문에 낙방했습니다.

가족들은 그를 스위스 북부에 있는 아라우로 보내 거기서 중등과정을 수료하도록 했습니다. 요스트 빈텔러Jost Winteler 교수의 집에 기거하면서 17살에 중등학교를 수료하고 취리히 공과대학 수학, 물리학 4년제 사범과정에 등록할 수 있었습니다.

1905년에 박사학위를, 1921년에 노벨물리학상을 받았습니다. 노벨상 수상 결정은 유명한 '상대성 이론'이 아니라 '빛의 광자효과'에 대한 평가의 결과였습니다. 왜냐하면 상대성 이론에 대해서는 학술적인 논쟁이 아직 진행되고 있었기 때문입니다.

아인슈타인은 히틀러Hitler의 나치 정권에서 유대인이라는 이유로 탄압을 받기 시작했고, 결국 미국으로 이민을 갈 수밖에 없었습니다. 나치 정권은 유대인들을 국외로 추방하거나 법적 지위를 박탈했습니다. 결국 유대인들이 견디기 어렵게 해서 국외로 나가도록 압력을 가했습니다. 그에 그치지 않고, 유대인 혈통의 학자들의 학문적인 업적까지도 깎아내렸습니다. 결과적으로 미국, 영국, 프랑스보다 한 발 앞서 있던 많은 분야에서의 과학 기술 우위를 스스로 후퇴시켰습니다. 결정적으로 핵물리 기술을 이용한 원자폭탄 개발 기회를 나치 정권이 스스로 망쳐버린 셈입니다. 그 기회는 아인슈타인 같은 학자를 받아들인 미국에게 돌아갔습니다.

아인슈타인은 미국에서도 이론 물리학자로 활동했지만, 핵무기 개발에 대해서는 관여하지 않았습니다. 실라르드Szilard 같은 유럽에서 미국으로 망명한 당대 최고의 물리학자들은 핵무기 개발 가능성에 대해 인식하고 있었고, 나치 독일이 핵폭탄을 개발하기 전에 미국이 먼저 개발해야 한다는 탄원서를 루스벨트Roosevelt 대통령에게 보내기로 했습니다. 아인슈타인이 이 탄원서를 주도한 것은 아니지만, 과학계에서 가지는 위상이 워낙 컸기 때문에 실라르드는 아인슈타인이 탄원서에 서명해주기를 요청했습니다.

2차 대전이 유럽에서 끝나기 전까지는 연합군과 추축국 양 진영이 모두 핵무기를 개발하지 못했습니다. 유럽인들에게는 다행스러운 일이었습니다. 일본과의 태평양 전쟁에서는 미국의 핵무기가 실제로 사용되기에 이르렀습니다. 원자폭탄은 2차 대전 이후 미국이 세계를 압도할 수 있는 중요한 힘의 원천이 되었습니다.

아인슈타인의 기행이나 특이한 행동에 대한 이야기는 많지만, 확인되지 않는 것들입니다. 독보적인 업적과 탁월성 때문에 지나친 대중적인 관심을 받았기 때문에 과장된 측면이 많습니다. 특히 아인슈타인이 초등학교에서 수학 낙제를 했다는 이야기는 근거가 없습니다. 아인슈타인은 이미 초등학교 시절부터 학교 진도보다 훨씬 어려운 수학 과제들을 소화하고 있었습니다. 부모들이 나이에 비해 어려운 책들을 사 주었고, 깊은 수준까지 이해했습니다.

그에게 자폐아적 요소가 있었다는 주장도 있습니다. 학창시절 그는 상당히 친밀한 교우 관계를 가지고 있었고, 10대 후반에는 진지한 로맨스도 있었던 것으로 보아 이 역시 믿을 만한 소문은 아닙니다.

아인슈타인은 모든 과제를 모두 어려움 없이 소화했던 다재다능한 수재 혹은 천재형은 아니었습니다. 아인슈타인의 남다른 점은 특정 주제에 깊이 몰입하는 능력이 있었던 것입니다. 빛에 대한 해결되지 않는 여러 의문점에 대해서 매우 깊은 몰입을 했는데, 며칠을 빛에 대해서만 골똘한 생각에 잠겼습니다. 스스로 자신의 지적 능력이 고갈되어 지극히 허약한 상태에 빠졌다는 자괴감에 괴로워하기도 했습니다. 하지만 그 과제에 대해 끝까지 집착했습니다. 마침내 어떤 실마리를 찾아냈는데, 물리 실험을 전혀 하지 않은 상태에서 그 결과를 예측할 수 있었습니다. 실험하는 물리학자들이 십수 년 동안 실험을 통해서 밝혀내지 못한 것들을 가상적인 사고 실험을 통해 밝혀낼 수 있었습니다.

이상 4명의 고도 지능을 갖춘 역사적 인물을 살펴보았는데, 모두에게 약점이 있었습니다. 다빈치는 사생아로 태어났고, 뉴턴은 조산아이며 유복자였습니다. 학교에서는 집단 따돌림을 경험했습니다. 에디슨은 장애아였으며 학교에서 강제로 중퇴를 당하고 홈스쿨링을 했습니다. 아인슈타인은 조국에서 소수 인종으로서 노골적인 적대행위를 당했고, 역시 학교생활에 부적응했습니다.

다빈치는 현대적인 집단 교육 체계가 확립되기 이전의 인물이었고 뉴턴, 에디슨, 아인슈타인은 그런 교육 체계와 불화를 겪었습니다. 결국 네 사람은 근대적인 학교 체제에서 큰 혜택을 얻지 못했습니다. 그 대신 다빈치는 중동과 동방으로부터 새롭게 발견된 문물이 쏟아져 들어오는 상업이 중흥하던 이탈리아에서 그의 재능을 발휘할 수 있었습니다. 뉴턴이 살던 17세기 후반 영국은 경제적으로 급성장하던 때였습니다. 명예혁명을 전후해 급속히 민권과 시민 의식이 발전하던 시대이기도 했습니다. 정치적으로 혼란한 소용돌이 중에서도 자연과학을 중시하는 사회적 분위기에 힘입어 과학 연구에 몰두할 수 있었습니다.

에디슨은 신흥국으로 발돋움하던 미국에서 자유로운 탐구 활동을 펼칠 수 있었습니다. 아인슈타인은 과학 발전이 급속히 진행되던 후발 과학 기술 대국 독일에서 성장했습니다.

고도 영재, 그리고 그들의 뛰어난 업적은 각 개인이 가진 역량과 시대적인 환경이 빚어낸 것입니다. 인위적으로 만들어진 교육적 틀에 따라 대량 생산되는 것은 아닙니다. 과연 누가 시대와 역사에 흔적을 남길 만큼 큰 업적을 만들어낼 수 있을까요? 그런 것을 미리 알기는 어려운 일입니다. 단지 이들에게 공통된 점은 특정 과제에 깊이 몰입할 수 있는 능력이 있었다는 것입니다.

이런 인물들의 어린 시절을 살펴보는 것이 도움이 될 수 있습니다. 겉으로 드러난 에피소드보다는 그들에게 공통적으로 흐르는 매우 미묘한 특성들을 이해할 필요가 있습니다. 그와 비슷한 특성을 가진 아이들이 오늘날에도 태어나고 있으며, 묘하게도 이런 아이들은 지능 지수가 유난히 높게 평가됩니다.

초고도 영재가
있긴 있을까?

　다빈치와 같이 다재다능하고 많은 분야에서 탁월함을 보이는 슈퍼 영재가 있긴 있을까요?

　초고도 영재에 대한 연구 자료가 있습니다. 초고도 영재는 매우 희귀한 존재이기 때문에, 제대로 연구된 자료가 많지 않습니다. 20세기 초반의 루이스 터먼^{Lewis Madison Terman}의 연구와 홀링워스^{Leta Stetter Hollingworth}의 프로젝트가 그나마 가장 잘 연구되어진 사례라고 할 수 있습니다.

레타 스테터 홀링워스(Leta Stetter Holling-worth, 1886~1939)

　레타 스테터 홀링워스(이하 '홀링워스')는 초고도 영재에 대한 연구로 유명하지만, 여

성 심리분야에서도 개척적인 연구를 수행했습니다. 이 연구는 지성과 지적 능력에 대한 연구와 병행되었습니다. 1900년 초반에는 여성에 대한 두 가지 비과학적 주장이 상식처럼 믿어지고 있었습니다.

첫째, 여성은 월경 기간 동안에는 지적으로 둔화된다는 주장이었습니다. 이런 믿음에 따라 많은 회사가 여성을 고용하지 않았습니다. 매월 일정 기간 남자들과 같이 생산성을 유지하지 못한다는 고정관념이 있었습니다. 따라서 중요한 직책에 여성을 배치할 수 없다는 것이었습니다. 홀링워스는 이 문제를 실증적으로 실험해보았는데 여성의 인지 능력, 인식력, 운동 제어 감각 등 모든 것이 남성의 능력과 차이가 없으며 월경 기간 중에도 마찬가지였습니다.

홀링워스의 관심을 더 자극한 두 번째 주장은 다양성에 대한 것이었습니다. 여성도 남성과 마찬가지로 다양한 지적 능력을 개발할 수 있는가에 대한 의문이 있었습니다. 남성은 여성에 비해 매우 다양한 재능을 가지는 동시에 매우 다양한 결함을 가진다는 것입니다. 그래서 여성보다 남성에게서 천재적인 능력자가 많은 동시에 정신병원 입원자도 많다는 것이었습니다. 그런 반면 여성은 평균적인 능력을 얻는 데에서는 유리하지만, 최고의 성취도를 얻지 못한다는 것입니다.

홀링워스는 규모를 확대해 1,000명의 여자 신생아와 1,000명의 남자 신생아를 조사해 남성과 여성 사이에 다양성 폭이 전혀 다르지 않다는 것을 보여주었습니다.

1920년대에 홀링워스의 관심은 어린이들, 특히 특별한 지능을 가진 아이들에게로 옮겨졌습니다. 영재 연구에 관한 개척자의 한 사람으로 인정받는 루이스 터먼이 영재 연구를 하던 시대와 겹쳐집니다. 두 사람은 개인적으로 만난 일이 없었지만, 서로 상대방과 각자의 연구에 대해 최대의 존경과 신뢰를 가졌습니다. 루이스 터먼이 가진 관점은 홀링워스와 거의 일치했습니다. 하지만 중요한 한 가지 요소에 대해서는 의견이 갈렸습니다. 루이스 터먼은 영재성이야말로 유전이 절대적이라고 믿었습니다. 영재성을 어떻게 정의할 것인지, 어떻게 그 특성을 이해할 것인지에 몰두했습니다.

홀링워스도 영재성의 유전적 영향에 대해서는 인정했지만, 잠재력의 개발에 있어 교육적 요소와 환경적 요소가 중요한 열쇠라고 믿었습니다. 결과적으로 홀링워스는 영재성을 어떻게 양육하고 영재성을 가진 개인을 어떻게 교육하는 것이 적절한지에 대해 관심을 가졌습니다.

홀링워스의 가장 유명한 연구는 1916년 11월에 처음으로 기본 구상이 만들어졌습니다. 그때 홀링워스는 스탠포드 비네 검사로 아이큐가 180 넘는 아이를 처음으로 발견했습니다. 이때를 계기로 23년간 홀링워스는 초고도 영재에 대한 연구에 몰두하게 되는데, 뉴욕 지역에서 이런 초고도 영재아를 11명 더 발굴했습니다. 그리고 그들의 천재성을 심도 있게 파헤쳤습니다.

홀링워스는 이 아이들이 어떻게 성인으로 자라나는지를 추적 조사할 만큼 스스로 오래 살기는 어렵다고 생각했습니다. 그래서 좀 더 규모 있고, 의미 있는 연구 결과를 위해 매우 세심하게 장기 연구 계획을 조직했습니다.

홀링워스는 이런 도전적 연구를 개척한 사람으로 평가 받아 마땅합니다. 이런 초고도 영재들과 그 가족들은 사생활 보호를 강하게 요구했습니다. 개인적인 정보의 공개를 극히 꺼려했습니다. 그들의 가족이나 집안이 특별한 관심과 흥미의 대상이 되는 것을 싫어했고 그런 딱지가 붙어 있지 않기를 원했습니다. 홀링워스는 과학적인 탐구와 개인의 사생활 보호라는 두 가지 사이에 조화를 꾀했고, 고도 영재에 대한 연구의 토대를 마련했습니다.

홀링워스의 연구 결과는 다음과 같습니다. 고지능아들은 기억력이 좋고 인지 속도가 빠르고 정확하며 흔히 다른 사람들이 듣지 못하는 것을 들을 정도로 예민한 청각을 갖고 있습니다. 그리고 다른 사람들이 보지 못하거나 스쳐 지나가는 것도 포착할 정도로 예리한 시각과 다른 사람들이 느끼지 못하는 묘한 분위기를 바로 감지할 만큼 섬세한 감수성을 갖고 있습니다. 아주 오래전 어떤 사람이 했던 말과 행동을 아주 선명히 기억하기도 하며, 입장에 따라 말을 바꾸는 사람들의 모순된 언행을 짚어내기도 합니다.

홀링워스의 연구는 실제로 초고도 영재들이 존재한다는 것을 실증적으로 보여줬습니다. 홀링워스 연구의 비판자들은 뉴욕의 중류층 이상 백인 주류 계층만을 연구했다고 말하고 있습니다. 하지만 그 의미를 해석해보면, 지적 요소가 발달한 부모가 이런 아이들을 좋은 조건과 환경 속에서 양육할 때 아이들의 발달 성장은 일반적인 아이들보다 훨씬 월등할 수 있다는 것을 의미합니다.

그렇다면 홀링워스의 연구 내용을 좀 더 자세히 공부해 고도 영재들에게 좋은 환경을 제공할 수 있다면, 우리는 이상적인 영재 교육의 환경을 더 잘 만들 수 있을 것입니다. 어찌 보면 당연한 이야기입니다. 하지만 현실은 그렇지 못합니다. 어떤 아이가 고도 영재나 초고도 영재로서의 잠재력을 가졌다는 것을 아주 어릴 때에 판별할 수 있을까요? 홀링워스는 많은 노력을 기울여 10여 명의 초고도 영재를 발굴했고, 그들을 20여 년간 지속적으로 추적 조사 작업을 했는데, 이는 결코 쉬운 일이 아닙니다.

우리 중에는 실제로 놀라운 능력을 가진 사람들이 있습니다. 이 사람들의 능력은 머릿속에 들어 있기 때문에 잘 드러나지 않습니다. 지적인 능력을 과시하는 일은 현실적으로 현명한 일이 못 됩니다. 홀링워스의 연구에서도 고도 영재들 본인이나 부모들은 철저한 신분 비공개를 요구했습니다. 이 책에서도 사례에 등장하는 사람들은 모두 가명을 사용하고 있습니다.

수정이의 사례

　수정(가명)이는 3학년 초에 초등학교에서 거의 강제로 쫓겨나다시피 했습니다. 수정이는 대부분의 수업시간이 지루했습니다. 그러나 직접적인 문제는 3학년에 시작된 영어 수업에서 수정이가 담임 선생님의 수업 진행에 대해 자기 의견을 말했던 일입니다. 수정이는 방문 학습지 영어 수업에서 탁월한 능력을 발휘해서 특별 수업을 수년간 받았습니다. 익히고 있는 어휘가 이미 2,000개 이상이었고, 영어 문장을 자유롭게 말하고 들을 수 있었습니다.

　"선생님, 영어 시간에는 영어로만 수업을 진행해야 하지 않나요?"

　초등학교 교사에게 영어로만 수업을 진행하라고 할 수는 없습니다. 설령 할 수 있어도 그런 수업 진행은 다른 학생들의 영어 수준을 고려할 때, 현실적이지 못합니다. 수정이의 주장은 현실성 있는 이야기가 되긴 어렵습니다. 교사로서는 당황스럽기도 했습니다. 하지만 수정이가 한 이야기는 전혀 악의가 없는 것이었습니다.

결국 부담스러움을 느낀 교사가 수정이의 부모를 불러서 서둘러 자퇴 처리를 시켰습니다. 그 과정에서 수정이는 많은 상처를 입었습니다. 교사가 수정이를 우호적으로 품으려 한다고 하더라도 실제로 해줄 수 있는 것들은 많지 않습니다. 수정이만을 위한 영어 수업을 준비할 수도 없을 것입니다. 학급의 동료들과는 이미 너무 큰 차이가 나 있기 때문에 같이 수업을 한다는 것은 수정이에게도, 급우들에게도 도움이 되지 않습니다. 이에 대해 교사가 대처하기도 쉬운 일이 아닙니다.

그렇다면 수정이는 재미있게 할 수 있는데도 영어 선행학습을 하지 말았어야 했을까요? 고도 영재들 부모 중에는 선행학습을 꺼려하는 사람이 오히려 많습니다. 아이가 너무 앞서가는 것이 학교 수업을 지루하게 만들까봐 걱정이 되기 때문입니다. 한쪽에서는 조금이라도 더 시키기 위해 노력하고, 다른 쪽에서는 시키지 않으려는 노력을 하고 있습니다. 그것은 희극적인 상황이지만 실제로 일어나고 있는 일입니다.

현재 홈스쿨링 1년 반이 지난 상황에서 수정이가 만든 자료입니다. 모두 5쪽으로 만들어진 자료 중 일부입니다.

케인스Keynes에 대한 책을 읽고 케인스가 어떠한 생각을 가졌는지 보여주고 있습니다. 대공황기, 위기에 빠진 자본주의 경제를 되살릴 수 있을 것인지를 설명하고 있습니다. 이런 자료를 만드는데 2~3시간밖에 걸리지 않고, 자신의 의견을 10여 분 이상 영어로 발표할 수 있는 아이가 초등학교 과정에서 어떤 것을 배울 수 있을까요?

While teddy listens to Keynes

- Our Germany is too poor.
- This is all because we lost and then we need to pay $ 33.000.000.000.
- I am Hitler and I hate paying!
- I will collect people..a-ha!
- Hail Hitler we will save Germany
- Then now is the time to...
- DECLARE WAR!!!!!!
- Oh well. I'm Korean.

이 자료는 독일에서 전쟁 배상금으로 고통받는 독일인들의 마음을 히틀러가 사로잡았다는 것을 보여주고 있습니다. 그런 사건들을 이미지를 통해 재미있게 표현하고 있습니다. 그리고 자기 자신이 케인스나 히틀러가 되어 감정이입해 대사를 연출하고 있습니다. 상당한 수준의 유머 감각을 보여주고 있습니다.

고도 영재들이 보여주는
특징들

　다음은 고도 영재들이 보여주는 대표적인 특징들입니다. 여덟 가지로 정리했는데, 모든 특징이 드러나거나 그 일부만 나타납니다. 하지만 그런 특징이 강하게 나타난다면 고도 영재일 가능성이 높습니다.

- 고도로 발달된 감각 특성
- 과흥분성
- 기억 능력
- 발달된 인지 능력과 추론 능력
- 아주 빠른 자아의식
- 완벽주의 경향
- 편벽과 고집
- 감수성과 존재론적 고민

고도로 발달된
감각 특성

　감각 특성이 발달한다는 것은 그 자체로는 장점이지 단점이 아닙니다. 하지만 그런 감각적 발달이 빠른 아이가 오히려 집단 교육 체제 안에 놓이면, 어려움을 겪습니다.

　여러 가지 소음이나 냄새에 혼란스러워 하는 아이들이 있습니다. 여러 아이들이 뒤섞여 만들어내는 여러 가지 신호와 자극에 예민해집니다. 주의가 산만해지고 극도의 스트레스를 느낄 수 있습니다.

　전체 아동 중 10% 정도가 상의에 붙어 있는 상표 라벨이 등을 따갑게 한다고 떼어달라고 합니다. 부모는 아이들이 대체로 다 그런다고 생각하기 쉽습니다. 이런 아이들의 부모도 어릴 때 그런 경험을 가진 경우가 많습니다. 하지만 옷 만드는 사람들이 거기에 라벨을 붙인 것은 대부분의 사람들이 그것을 느끼지 못하기 때문입니다. 아이가 성장하면 대체로 촉감이 무디어져서 더 이상은 그런 요구를 하지 않거나 자기가 알아서 떼거나 라벨이 붙어 있지 않은 옷을 고릅니다. 등이나 목 뒤에 있는 라벨을 느끼는 아이들은 일단 촉각이 그만큼 예민하고 발달되어 있다는 것을 보여줍니다. 최근에는 일부러 라벨이 옷 바깥쪽에 붙어 있는 옷을 만들기도 합니다. 이런 옷을 만드는 회사나 디자이너는 아마도 같은 경험을 가졌던 사람이었을 것이라고 짐작할 수 있습니다.

어떤 아이들은 청각이 유별나게 발달되어 있습니다. 상당히 멀리 떨어진 곳에 있던 아이가 엄마에게 와서 왜 자기 이야기를 다른 집 엄마에게 하느냐며 따집니다. 그 정도 거리에서 그것을 알아들을 수 있으리라고 예상치 못했던 어른들은 당황하게 됩니다. 이런 아이들은 매우 예민한 청각을 가지고 있어서 남들이 듣지 못하는 소리를 늘 듣는다고 할 수 있습니다. 그것은 당사자에게는 대단히 불편한 일입니다. 소리에 민감해서 소음을 못 견디게 싫어합니다. 길거리에서 자동차 경적이나 오토바이가 가까이 지나가는 소리에 자지러질 수도 있습니다. 어른들이 장난삼아 큰 소리를 치는 것에 혼비백산할 수도 있습니다.

외부로부터의 감각 입력 신호가 평균적인 사람보다 훨씬 큽니다. 이런 경우, 교실에서의 소음 자체가 큰 스트레스로 작용하기도 합니다. 물론 시간이 지나면 적응하지만 다른 아이들보다 새로운 환경에 적응하는 데 힘들 수 있습니다.

　이런 특성을 가진 아이들은 흔히 '온실 속에서 자란 화초'와 같이 '지나치게 과보호된 나머지 까다롭고 버릇이 잘못된 아이'라는 오해를 받게 됩니다. 이는 단지 청각, 시각, 촉각, 후각, 미각 같은 감각 신경이 유난히 발달된 것과 관련이 있습니다. 물론 부모의 양육 방식이나 환경의 영향도 있습니다. 하지만 근본적인 원인은 아이 자신이 가진 감각의 크기가 아주 다르다는 점입니다. 부모 이외의 사람들은 부모가 원인이라고 쉽게 단정합니다.

　후각과 미각은 또 다른 문제를 일으킬 수 있습니다. 보통 다른 사람은 감지하지 못하는 냄새나 맛을 느낍니다. 섬세한 후각과 미각 때문에 신선하지 않은 재료로 된 음식을 전혀 먹지 못하거나 냄새만으로도 심한 역겨움을 느끼는 경우가 있습니다. 먹어 보지 못한 새로운 음식 종류나 향신료에도 민감하게 반응합니다. 맵거나 짠 것에 대해서도 과민하게 반응합니다. 그래서 '입이 짧다', '식습관이 잘못됐다'라는 비난에 시달립니다. 어찌 되었든 음식을 준비한 사람으로서는 '이 음식은 입에 대지 못하겠다'라는 상대방의 반응을 기분 좋게 이해하기 힘듭니다. 자칫 감정적인 상황에서 음식을 강요하는 경우도 발생합니다. 그리고 실제로 먹은 음식을 토하기도 합니다.

시각 역시 특별히 발달되어 있는 경우가 있습니다. 불 꺼진 방에서 물건을 찾아 나오는 아이도 있습니다. "왜 불도 켜지 않고 방에 들어 가냐?" 하면 오히려 "아빠는 보이지 않아요?"라고 합니다. 다른 사람에게는 보이지 않는 것이 이 아이에게는 보입니다. 틀림없이 더 좋은 능력임에도 불구하고 예기치 않은 문제들을 일으킬 수 있습니다. 누군가에게는 숨기고 싶은 약점이 이 아이에게는 그대로 노출될 수 있고, 이런 아이의 존재 자체가 위협이 될 수 있습니다. 불쾌하거나 거슬리는 존재가 되는 것입니다.

모든 감각이 동시에 다 발달된 경우도 있지만, 특별히 어떤 감각이 유난히 발달될 수도 있습니다. 어떤 경우 일부 감각은 오히려 장애를 가지고 있거나 퇴화되어 있을 수도 있습니다. 발달되어 있는 부분을 더 잘 사용하거나 집중하면 더욱 발달시킬 수도 있습니다. 한 가지 감각에 집중하면 다른 감각은 차단되기도 합니다.

과흥분성

평균적인 사람들보다 뇌로 전달되는 신호가 5배 또는 10배 이상 강하게 전달되는 사람이 있습니다. 그래서 어떤 사람은 남들이 듣지 못하는 소리를 듣고, 남들이 보지 못하는 것을 보며, 남들이 느끼지 못하는 것을 느낍니다. 같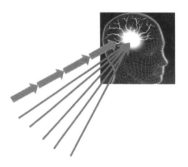

이 들어도 훨씬 큰 소리로 듣거나 훨씬 강렬한 색감으로 인지할 수 있습니다. 그런데 이것은 순전히 각 개인의 느낌이기 때문에 다른 사람에게는 설명하기가 어렵습니다.

이 사람들에게 주어지는 입력 신호가 큰 만큼 그에 따르는 반응도 커집니다. 별것 아닌 것에 놀라거나 화낼 수도 있고, 견디기 힘들어 할 수도 있습니다. 흥분하거나 과도하게 긴장할 수 있습니다. 유난스럽고 진중하지 못한 성격이라는 비난을 받기도 합니다. 하지만 이것은 신경생리적인 차이에서 오는 것입니다. 성격이 고약하거나 무례해서, 또는 잘못된 양육 방식 때문에 생긴 것도 아닙니다. 단지 감각이 고도로 발달된 것입니다. 잘 개발하면 우수한 특성입니다.

영재가 아니라도 어린이들은 감각이 어른들보다 예민하고 민감한 편입니다. 아직 피부가 얇고 여려서 그렇습니다. 또 많은 경험과 감각적인 훈련이 부족하기 때문에 잘 놀라기도 하고 울기도 합니다. 자기 통제력이 아직 발달하지 않아서 그럴 수도 있습니다. 나이가 들고 일정한 훈련 과정을 거치면서 감각이 다소 둔해집니다. 통제력이 발달해서 순화될 수 있습니다. 하지만 어떤 사람은 워낙 큰 감각 특성을 가지고 있어서 이것이 통제되고 견딜 만한 수준으로 둔화되기까지는 시간이 더 필요합니다.

대체로 20대 중반에 이르면 감각이 특별하게 발달된 사람도 통제력을 충분히 가지게 됩니다. 이것 역시 사람마다 다르고 정도의 차이가 있는 만큼 한마디로 말하긴 어렵습니다.

이런 사람들이 평균적인 사람들과 어울릴 수 있으려면 상당히 섬세하게 조율된 훈련 프로그램이 필요합니다. 불행히도 그런 프로그램은 준비되어 있지 않습니다. 2~3% 정도의 사람들을 모아놓고 보면 적지 않은 수이지만, 흩어져 있을 때는 거의 눈에 보이지 않는 절대 소수입니다. 식구나 친인척 중에는 비교적 비슷한 특성을 가진 사람을 만나게 될 가능성이 높습니다. 하지만 가족과 친척들도 오해를 합니다. 유별나고 이상한 아이라고 말입니다. 숫자가 적으니 이들을 위한 훈련 프로그램이 쉽게 만들어지지 않습니다.

기억 능력

　발달된 감각 특성과 이에 따르는 과흥분성은 얼핏 보기에는 일종의 장애처럼 보입니다. 평생에 걸친 부담이 될 수 있습니다. 하지만 장점입니다.

　같은 사물을 보고 듣더라도 이 사람들은 매우 선명한 기억을 가지게 됩니다. 단 한 번의 경험이라도 강한 충격으로 받아들여진 기억은 오랫동안 남게 됩니다. 평균적인 사람들은 새로운 단어를 듣거나 새로운 개념을 배웠을 때, 기억이 오래가지 못합니다. 반복적으로 듣고 익숙해져야만 언제 어디서든 바로 기억할 수 있는 지식이나 정보가 될 수 있습니다. 새로운 단어 하나를 기억하는데, 그 단어를 평균 17번 봐야 한다고 합니다. 보다 정확히 말하면, 16번 정도는 잊어야 한다는 의미입니다. 듣거나 봐서 기억하다가 잊어서, 다시 듣거나 보기를 17번 반복하면 그 단어는 영구적으로 기억될 수 있습니다.

그러나 전체 인구 중 10% 정도의 사람은 그 절반인 8번 정도 반복하면 영구적으로 기억할 수 있습니다. 전체 인구 중 2~3% 정도의 사람은 그 절반의 절반인 4번 정도 반복하면 됩니다. 드물지만 2번, 심지어 1번의 학습으로 영구적으로 기억하는 사람도 있습니다.

기억 능력은 비교적 쉽게 비교해볼 수 있습니다. 여러 가지 실험으로 사람들마다 상당한 차이가 있다는 것이 이미 확인되었습니다.

개인차가 이만큼 있는데도 나이만 보고 학생들을 한 교실에 모아서 공부시킨다는 것은 분명히 문제가 있습니다. 적어도 10% 정도의 학생에게는 일반적인 수업은 지루할 위험이 있습니다. 반대로 20%의 정도의 학생에게는 너무 내용이 많고 진행이 빨라서 버겁습니다.

결국 사람에 따라 적절한 학습량은 다릅니다. 기억 능력이 뛰어난 10% 정도의 학생들에게는 평균적인 학생들을 위한 반복학습이 불필요합니다. 매우 지루하고 비효율적인 시간 낭비가 됩니다.

교사들은 대부분 우수한 학생들 위주로 수업을 진행합니다. 그런 만큼 전체 학생 중에서 20~30% 학생들에게는 학습이 버거워집니다. 필수적인 내용을 기억한다는 것이 매우 부담스럽습니다.

그런데 반대로 2~3% 정도의 특별한 학생에게는 수업이 매우 지루합니다. 참기 힘든 고문이 될 수 있습니다.

쉬운 예를 들어 본다면, 고등학생을 붙잡아다 놓고 하루에 4시간에서 6시간까지 〈텔레토비〉를 반복해서 봐야 하는 것과 같습니다.

이런 아이는 지루함을 참기 위해 끊임없이 손장난을 하거나 딴짓을 합니다. 차라리 책을 읽는 것이 낫다고 생각합니다. 물론 그렇게 하면 수업에 집중하지 않는 학습 태도로 보입니다.

어떤 상황을 마치 사진을 찍듯, 한 번 봄으로써 기억해내는 능력을 '포토 메모리Photo Memory'라고 부릅니다. 실제로 이런 능력을 가진 사람이 있습니다. 그렇다고 모든 장면을 그렇게 기억하는 것은 아닙니다. 스스로 집중을 해야만 그런 능력을 보일수 있습니다. 이유가 있고 의미 있고 신선한 자극을 줄 만한 것일 때, 포토 메모리는 작동합니다. 보통 사람에게는 도저히 가능할 것 같지 않지만, 많은 영재들은 하나의 이야기 줄거리를 만들 때 사용합니다. 이야기의 흐름을 이용해 많은 기억을 한 번에 축적시킵니다.

이런 능력을 가진 사람이 학문에 뜻을 둔다면 보통 사람과는 경쟁 자체가 안 됩니다. 특정 분야에 집중하기만 한다면 대단히 탁월한 결과를 만듭니다. 영재의 집중력은 정서적인 조건에 따라 발휘됩니다. 그렇게 해야겠다는 의지가 있어야 합니다. 자기가 하고 싶은 것 앞에서만 능력을 발휘할 수 있습니다. 타인의 강요로는 능력 발휘가 안 됩니다.

이런 능력을 발현시키기 위해서는 매우 섬세한 발달과정이 필요합니다. 능력 개발과정 초기에는 절대적으로 자신이 원하는 방향으로 훈련하는 것이 성공적입니다.

발달된 인지 능력과
추론 능력

감각이 발달한 사람들의 능력은 단순 기억력에서만 나타나는 것이 아닙니다. 많은 기억량은 인지 능력과 추론 능력에도 영향을 줍니다. 사물과 개념에 대한 날카롭고 정확한 감지 능력도 두뇌의 회전 속도를 높입니다.

이런 사람들의 능력 발휘는 우선 언어와 수리, 논리적인 것에서 두드러지게 나타납니다. 훨씬 빨리 어휘 수를 늘려 나갈 수 있습니다. 추상적인 개념을 이해하는 데 빠릅니다. 두어 가지 개념을 이용해 새로운 개념을 만들 수 있습니다.

음악이나 미술, 체육 같은 분야에서도 능력을 발휘합니다. 레오나르도 다빈치는 뛰어난 미술가이며 과학자라고 알려져 있는데 악기 연주에도 탁월했고, 심지어 근력도 대단했습니다.

한 가지 운동에 뛰어난 사람은 쉽게 여러 가지 운동을 익히는 것으로 알려져 있습니다. 지적 잠재력이 발휘되기 시작하면 상당히 여러 분야에서 힘을 보여줍니다.

다빈치는 다방면에서 놀라운 능력을 발휘했으나 대부분의 영재들은 그런 능력을 발휘해보지 못하고 있습니다. 오히려 세상과 불화를 겪고 고통을 당하며 시들고 있습니다. 그런 차이는 어디서 생기는 것일까요? 이들이 가지고 있는 특성은 애초부터 다른 것은 아니었습니다. 능력이 꽃필 수 있는 여건을 만나지 못 했던 것입니다.

고도 영재는 그 수가 아주 적습니다. 잠재 능력이 있어도 그 능력이 개발되려면 여러 가지 여건과 환경이 조화를 잘 이뤄야 합니다. 그래서 어떤 학자는 어린 나이에 이런 특수한 인재를 발굴해야 한다고 생각합니다. 반면 어떤 사람은 그들이 정말 능력을 갖추었는지, 더 큰 다음에 대성할 수 있는지를 점검해야 한다고 믿습니다.

하지만 부모라면 당연히 이런 아이들에게 적합한 여건을 만들어 주기 위해 노력해야 할 것입니다. 조기 교육이 필요하다는 말이 아닙니다. 이런 아이들의 특성에 맞는 교육이 필요합니다. 이 아이들이 깊이 몰입할 수 있는 주제를 찾을 수 있도록 도와주고, 일정 시간 몰입할 수 있는 기회를 줘야 합니다.

아주 빠른
자아의식

특별한 사람들은 인지 능력, 추론 능력, 복잡한 기능을 익히고 통제하는 능력도 빨리 발달하지만 자아의식도 남달리 빨리 형성됩니다. '자아의식'을 먼저 정리해봅니다.

1. 자기 자신과 주변의 물건을 구분하기 시작합니다

갓난아이는 자기 자신과 주변의 사물을 구분하지 못합니다. 생존 본능과 주어지는 생리적인 신호에 따라 움직입니다. 여러 가지 감각 신호를 혼합된 그대로 받아들입니다. 배고픔, 추움, 목마름을 느끼면 본능적으로 움직입니다. 먹고 마시는 것을 통해 누군가가 자기를 보호하고 필요한 무엇인가를 준다는 것을 느낍니다.

2. 우호적인 것과 적대적인 것의 차이를 구분(낯가림)합니다

감각이 발달하면서 점차 자신이 어떻게 할 수 있는 것과 없는 것을 구분하기 시작합니다. 그런 구분이 점차 명확해지면서 타인이라는 존재를 의식합니다. 자기 자신과 가까운 사람 또는 낯선 사람을 구분합니다. 자신에게 우호적인지, 적대적인지 구분하기 시작합니다. 자신의 신호에 반응하는 대상을 우호적인 존재로 느끼게 됩니다. 아이의 소리와 몸짓에 적극적으로 반응하는 것이 아이의 정서 안정과 인지 능력 발달에 도움이 됩니다.

3. 우호적이라도 나와는 다른 존재라고 인식합니다

우호적이라도 부모는 나와는 다른 존재라는 것을 언제인가부터는 느낍니다.

4. 의사소통의 필요를 느낍니다

다른 존재와 의사소통을 해야 한다는 것을 알게 됩니다. 의사소통하는 방법을 여러 가지로 배우기 시작합니다. 신호와 상징에 대한 인식이 발달하기 시작하며, 신호 중에도 여러 가지가 있다는 것을 느끼고 깨닫게 됩니다.

5. 내가 남을 보듯, 남도 나를 본다는 것을 상상하기 시작합니다

자기 자신이 남의 눈에는 어떤 존재로 느껴지는지에 대해 추측하기 시작합니다. 다른 사람이 보는 내가 어떤 모습일지를 그려 볼 수 있게 됩니다.

6. 남이 나에게 가지는 이미지를 좋게 만들고 싶어 합니다

자신의 이미지를 남의 눈에 어떻게 보이게 할 것인지를 연출하고 통제할 수 있는 능력이 생겨나면서 점차 발달하게 됩니다. 남이 나에 대한 이미지를 어떻게 가지고 있는지를 확인하고 싶어 합니다.

이런 자아의식이 너무 빨리 발달하는 아이가 있습니다. 이런 아이를 양육하는 부모는 다른 사람이 경험하지 못하는 것을 겪게 됩니다. 완벽주의 경향이 강합니다. 아주 어린 나이에 존재론적 고민*을 시작합니다. 사소한 문제에 대해서도 부모와의 고집 싸움을 벌입니다. 편벽과 고집이 강합니다.

---

* 존재론적 고민(existential depression) : 죽음, 삶의 의미, 인류의 멸망과 같은 철학적이고 쉽게 답하기 어려운 심오한 문제들에 대한 고심을 깊게 하면서 고통스러워하는 행태를 말합니다.

완벽주의
경향

대체로 고도 영재는 언어 발달도 빠른 편인데, 때로 2~3살이 되도록 말을 하지 않는 경우가 있습니다. 보통 첫돌을 앞둔 시점에서 아이들이 말을 하기 시작합니다. 말을 한다고 하지만 대개의 경우 "엄마", "맘마"와 같이 아주 간단한 소리를 내기 시작합니다. 엄마들이 수백, 수천 번 같은 소리를 해주면서 훈련시킨 결과입니다.

소리도 잘 구분이 되지 않습니다. 비슷한 소리를 내는 것을 엄마들만이 아이가 소리를 흉내 내기 시작한다는 것을 느낍니다. 그러기를 반복하기 시작하면 하루가 다르게 소리가 명확해집니다. 새로운 단어를 하나둘씩 익히게 됩니다. 빠른 아이들은 6개월에도 이런 말을 시작하고 최근에는 100일 정도에도 말을 시작하는 아이가 간혹 있습니다. 그런데 만 3살이 되도록 말을 하지 않는다면 대단히 느리다고 봐야 할 것입니다.

처음 하는 말이 "맘마", "엄마"가 아닌 경우가 있습니다. 어느 날 갑자기 아이가 엄마에게 냉장고에 있는 회사의 로고와 텔레비전의 광고를 손가락으로 서로 가리키면서 "이것과 저것이 똑같아"라고 말합니다. 엄마는 소스라치게 놀라서 눈이 둥그렇게 될 것입니다. 자기가 제대로 소리를 들었는지 의심합니다.

고도 영재라면 이런 경우가 드물지 않습니다. 자아의식이 남달리 빨리 발달한다는 것과 연관됩니다. 아이는 말을 하지는 못하지만 주변의 식구들이 말하는 것을 다른 아이들보다 매우 선명하게 들을 수 있습니다. 그리고 자신이 낼 수 있는 소리가 어떤 소리인지도 의식합니다. 자신이 낼 수 있는 소리가 주변의 어른들이 하는 말처럼 선명하지 못 하다는 것이 불만스러우면 말을 하지 않습니다.

어떤 아이는 어른들이 잠깐씩 자리를 비운 사이에 소리를 내면서 자기의 소리와 어른들의 말소리를 비교해보기도 합니다. 그리고 어느 정도 비슷하다는 느낌이 들 때까지는 자신의 완벽하지 못한 말 실력을 보여주고 싶어 하지 않습니다.

셜록 홈스Sherlock Holmes 가 고등학생으로 나오는 영화에서 나오는 장면입니다. 기숙사에서 홈즈가 바이올린을 연습하다가 화가 치밀어 바이올린을 부수려 합니다. 룸메이트가 왜 그러느냐고 묻자, 홈즈는 "아무리 연습을 해도 잘되지 않는다", "나는 바이올린을 절대 배우지 못 할 것 같아서 그런다"라고 대답합니다. 친구가 연습을 시작한 지 얼마나 되었냐고 묻자, 홈즈는 사흘이나 되었다고 말합니다. 사흘 정도 연습한 것치고는 이미 상당한 수준으로 소리를 내고 있음에도 불구하고 자기 악기의 소리에 대해 분노하고 있는 것입니다.

완벽주의 경향은 자아의식이 너무 빠르게 만들어짐으로써 매우 지나친 수준이 되어버립니다. 매우 높은 기준과 목표치를 스스로 설정합니다. 목표치에 도달하지 못하는 것에 대해 절망감을 호소하고 분노를 터뜨립니다. 주변 사람들을 불편하게 합니다. 승부에 집착하고 패배를 받아들이는 것에 어려움을 느낍니다.

편벽과
고집

완벽주의 특징은 양육과정에서 힘든 요소입니다. 이런 특수한 아이들은 처음에 배우는 것에서부터 자신이 만족할 만한 성과가 나오지 않으면 아예 시도하지 않으려는 경향을 보입니다. 어떤 것이든 처음 배우는 과정에서는 일정한 훈련이 필요합니다. 바로 성과가 나오지 않으면 어려움을 호소하고 회피하려 합니다. 아이는 자아의식도 강하고 고집도 강해서 설득하기 어렵습니다. 강제로 시키기도 힘이 듭니다. 만약 이 아이의 고집과 충돌을 일으키지 않고 무엇인가를 배우게 할 수만 있다면 '신동 만들기'는 아주 쉬울 것입니다. 그러나 그렇게 하기가 쉽지 않습니다.

고도 영재는 자기가 일단 개발이 잘되어 있는 쪽으로 편향되는 경향이 강합니다. 결국 편벽이 심한 것이 고도 영재의 가장 중요한 특성이 됩니다. 이런 편벽은 생활 전반에 나타납니다. 음식도 편식이 심하고, 사람의 낯을 가리는 경향도 강합니다. 새로운 사람을 사귀는 데 힘이 듭니다. 익숙한 사람에게 지나치게 집착합니다.

장난감도 한 가지만 고집하고, 책도 한 가지 주제에만 집착합니다. 한 가지 집착이 몇 년 동안 계속될 수 있습니다. 주제 집착은 공룡일 수도 있고, 나비일 수도 있고, 자동차일 수도 있고, 레고 블록일 수도 있습니다. 자동차 중에서도 버스만 고집할 수도 있고, 장난감 중에서도 건담 로봇만 생각할 수도 있습니다. 어른이 그러면 이상하겠지만, 고도 영재인 경우는 성장과정의 일부로 이해해야 합니다.

부모의 말을 부정하는 것은 자아를 확인하는 과정

자아의식이 강하기 때문에 부모와 고집 관련한 싸움이 곧잘 일어납니다. 아이는 지적 특성이 강하지만, 종합적인 판단 능력은 아직 발달하지 않았습니다. 균형 잡힌 시각이나 경험을 통한 상식이 부족합니다. 따라서 어른이 보기에는 터무니없는 일에도 고집을 피웁니다. 좀처럼 부모의 말을 듣지 않고, 부정하거나 믿지 않는 모습을 보입니다. 한 세대 전에는 '미운 7살'이란 말이 있었지만, 지금은 '미운 3살'이라고 합니다. 이 시기에는 아이가 "싫어", "아니야"라는 말을 입에 달고 삽니다.

아주 어린아이들은 전적으로 부모에게 의존하거나 부모를 전지전능한 존재로 받아들입니다. 그러던 아이들이 자아의식이 발달하면, 부정이나 거부를 통해 자신의 존재를 확인하려고 합니다. 고도 영재의 경우는 그 시기가 훨씬 빨리 오고, 그 정도도 훨씬 강하게 나타납니다.

　영재가 아니라도 자아를 확인하는 시기에 들어간 아이들의 부모는 큰 시련과 시험을 겪게 됩니다. 아이에게 끌려 다니지 않는 동시에, 심한 고집 싸움으로 에너지를 소모하지 않는 부모가 되기란 어렵습니다.

　고차원적인 심리전을 전개해야 하는데, 고도 영재는 훨씬 다루기 어렵습니다. 보통 아이들에게 써먹을 수 있는 간단한 요령은 뻔히 알고, 한 번 사용하면 두 번 다시 사용하기가 어렵습니다. 아이들은 자신의 존재 확인을 위해 언제든지 시비할 거리를 찾을 수 있습니다. 매사에 이유를 묻고, 합리적인 논리를 요구합니다.

　이런 시기를 무난히 통과할 수 있는 비법은 사실 어디에도 없습니다. 기본적인 전략과 원칙은 이 책의 뒷부분에 정리하기로 합니다. 하나 기억할 것은 아이가 영재나 고도 영재가 아니라도 부모들은 모두 이런 과정을 겪고 대부분은 실패한다는 점입니다.

감수성과
존재론적 고민

    고도 영재는 감수성이 발달할 가능성이 높습니다. 어린 나이에도 문학적인 감각 또는 예술적인 감각이 빨리 발달합니다. 깊은 슬픔이나 감동을 느낍니다. 어린아이가 그런 것을 느낀다는 사실을 많은 사람들이 믿지 않습니다. 하지만 실제로 그런 아이들이 있습니다. 이런 감수성을 있는 그대로 받아줘야 합니다. 가족들조차 믿지 못하고, 이런 것을 이상한 증상으로 생각하면 안됩니다. 적극적으로 인정해야 합니다. 그렇지 않으면 가족들은 곤란에 빠지게 됩니다.

    감수성의 발달은 예술적인 감각과 창조력을 크게 발달시킬 수 있는 토대입니다. 따라서 감수성을 존중하고, 같이 공감해 줘야 합니다. 보통 아이들보다 감수성이 대단히 빠르게 나타날 수 있다는 것을 자연스럽게 받아들여야만 부작용을 피할 수 있습니다.

감수성 발달은 존재론적 고민이 아주 이른 나이에 찾아오는 원인입니다. '존재론적 고민'이란 'Existential depression'을 번역한 것인데, 아주 근원적이고 철학적인 고민을 말합니다. 예를 들어, 죽음, 삶의 의미, 생로병사에 대한 두려움, 고통의 본질, 종교, 인류의 멸망, 지구적 차원의 위기 같은 것에 대한 깊은 고민을 말합니다. 대체로 청소년기에 나타나는 것인데, 10살 전이나 심지어 2~3살에도 나타납니다. 그 원인은 인지 능력의 발달은 빠르고, 그것을 감당할 수 있는 조절 능력은 아직 없기 때문입니다. 비정상적인 것은 아닙니다. 하지만 많은 사람들이 잘 이해하지 못합니다. '웬 개똥철학?'이라면서 무시하는 경우도 많습니다.

10살 이하의 아이가 "죽으면 사람은 어떻게 되나요?"라고 묻습니다. 문득 하고 마는 이야기가 아니라 매우 심각하게 걱정을 합니다. 하루 이틀이 아니고 몇 개월째 같은 질문을 가지고 밤잠을 설치는 경우도 있습니다. 원칙만 이야기한다면 아이의 고민을 진지하게 들어주면 곧잘 극복합니다. 이런 고민에 대해 대응하는 방법도 뒤에서 좀 더 자세히 설명합니다.

고도 영재가
학교에서 겪게 되는 일들

　고도 영재들이 겪게 되는 어려움은 학교에 들어가면서 훨씬
더 심해집니다. 실제로 어려운 상황이 많습니다. 우선 자기 자신
이 또래 아이들과는 다르다는 것을 실감하게 됩니다.

　본인 자신이나 부모는 스스로 고도 영재라는 것을 의식하지
못하는 경우가 많습니다. 비교 대상이 없기 때문에 아이가 다소
빠르다고 느낄 뿐입니다. 다른 아이들과는 많이 다르다는 사실
을 알아채는 것은 생각보다 어렵습니다.

　우선 사용하는 어휘가 다릅니다. 다른 아이들은 이 아이가 쓰
는 단어가 무슨 뜻인지 잘 모릅니다. 너무 추상적인 단어를 사
용하기 때문에 이질감을 느낍니다. 아이가 가족이 아닌 많은 사
람에게 노출되면 처음에는 놀라움의 대상이 됩니다. 시간이 가
면서 경계의 대상이 되거나 불쾌한 대상이 될 수 있습니다. 심

지어 적대적인 반응을 겪게 됩니다.

아이는 여전히 편벽과 고집이 강하고, 낯선 사람과 쉽게 사귀지 못할 가능성이 높습니다. 부모가 유별난 조기 선행학습에 몰두했다는 의심을 받게 됩니다.

유아원, 유치원에서는 또래 아이들이 발표 기회에서 경쟁하게 됩니다. 너무 큰 차이가 나기 때문에 또래 집단이나 교사와 마찰을 일으킬 수 있습니다. 발표 기회를 독점할 수도 있는데 교사가 이를 막고 기회를 고루 나눠 주려고 하면, 아이 입장에서는 부당하다고 느낍니다. 이에 강하게 반발하는 경우가 있습니다. 결과적으로 본인, 다른 또래 아이들과 교사 모두 피해자가 된 느낌에 빠지게 됩니다. 이 아이의 존재 자체가 문제의 원인으로 지목됩니다.

전반적으로 적대적인 상황이 되기도 하고, 유독 한두 사람과 불화를 겪을 수도 있습니다. 시기와 질투, 견제가 이유가 될 수 있습니다. 특히 교사와 고집 싸움이 일어나는 경우, 매우 큰 상처를 입게 됩니다. 유아원, 유치원은 그래도 훨씬 낫습니다. 교실의 학생이 적고, 학습적인 부담감이 덜하기 때문에 초등학교보다는 덜 합니다. 일단 초등학교에서 교실 수업이 시작되면 좀 더 강한 갈등이 일어나게 됩니다.

고도 영재에게 학교 수업 시간은 지나치게 짧은 시간으로 토막 나 있습니다. 고도 영재에게 흥미를 일으킬 수 있는 과제는 학교 커리큘럼에서 많지 않습니다. 어렵게 찾아낸 과제에 일단 흥미를 갖게 될 수 있습니다. 그러나 이런 경우에도 주어지는 시간이 너무 짧아서 지적 호기심이나 만족감을 갖기 어렵습니다.

독서에 재미를 붙일 수 있는 시기라서 지루한 수업 시간에 차라리 책을 보고 싶어 하는 경우도 많습니다. 학교에서는 집에 없는 책을 발견할 수 있습니다. 고도 영재에게 이런 책은 그나마 학교가 주는 혜택입니다.

하지만 학교에서 독서에 주어지는 시간은 너무 짧습니다. 수업보다 독서가 훨씬 만족스러운 경험이라고 생각하면 수업에 들어가는 것을 거부합니다. 이런 경우는 흔합니다. 도서실 사서가 나이에 비해 너무 어려운 책을 아이가 읽고 있다는 것을 보고 당황해 하기도 합니다. 내용을 하나도 이해하지 못하면서 허세를 부린다고 오해하는 경우도 있습니다.

만들기 수업도 주어지는 시간이 너무 짧습니다. 계획했던 작품을 완성할 시간이 부족하다고 호소합니다. 결과적으로 담임 교사 입장에서는 매시간 걸림돌이 되는 학생이 됩니다. 학급 전체를 지도하는 교사에게는 큰 짐이 됩니다.

아이의 특성을 배려해 예외적인 조치를 취하면, 또 다른 문제가 생깁니다. 왜 저 아이만 예외를 인정하냐면서 항의하는 아이들도 생기고, 학부모까지 나서서 문제 삼을 수 있습니다. 결국 학부모는 학교로부터 전화를 자주 받게 됩니다.

한 교사가 고도 영재인 아이 하나를 고학년 교실에 데리고 가서 경시대회 문제를 푼 학생이라고 소개한 사례도 있었습니다. 교사의 의도는 학생들의 분발을 유도하기 위한 것이지만, 결과적으로 좋지 않았습니다. 평균적인 학생들 입장에서는 이 아이 하나가 자신들이 뒤떨어지고 노력이 부족한 학생으로 만들어 버린 것입니다. 멀쩡한 아이들이 바보가 된 것입니다.

실제로는 아주 우수한 학생이 고도 영재 하나 때문에 열등감에 시달리게 될 수 있습니다. 학생들은 교사에게는 화를 낼 수는 없으므로 고도 영재에게 화를 냅니다. 교사들은 이에 대해 전혀 모르는 경우가 많습니다.

무엇보다 가장 큰 문제는 수업 시간을 매우 지루하게 느낀다는 것입니다. 전혀 배울 것이 없는 수업이 될 수 있습니다. 부분적으로는 새로운 것이 있어도 속도가 너무 느리기 때문에 답답한 느낌에 시달립니다. 학교 수업 전체가 부실한 것도 아니고, 수준이 낮은 것은 아니지만, 어떤 아이들에게는 전혀 맞지 않을 수 있습니다.

아이가 참고 전반적으로 교사에게 협조하려고 해도 한계가 있습니다. 수업 진도와 아이에게 맞는 속도의 차이가 너무 크면 아이에게는 고통이 될 수 있습니다. 그러나 교사와 부모는 아이가 느끼는 고통의 정도를 가늠하지 못합니다.

선행학습이나 지나치게 빠른 문자 습득이 원인이라고 생각하는 사람도 많습니다. 하지만 강압적인 학습이 아니라면 빠른 문자 습득이나 선행학습이 아이의 지적 발달에 해가 되지 않습니다. 지금과 같이 경쟁적으로 선행학습이 이뤄지는 상황에서는 선행학습을 하지 않았던 것이 고도 영재에게 나쁜 영향을 주기도 합니다. 완벽주의 경향이 다른 아이들보다 조금이라도 뒤처져 있는 과제나 과목은 아예 접근하지 않게 만드는 족쇄로 작용할 수도 있습니다.

학생의 성향에 따라 자신이 다른 아이들과 다르다는 것을 알고 나름대로 처신을 잘하려고 애쓰는 아이도 있습니다. 그래도 차이점이 감춰지지 않습니다. 단순히 성적이 우수하다는 이유로 질시와 경계의 대상이 될 수 있습니다. 학교 분위기가 경쟁적이면 더욱 심합니다.

한 고도 영재가 다른 아이들과 대화할 때 어려운 단어를 사용하지 않으려고 조심했습니다. 그러자 급우가 교사에게 고자질하듯 말했습니다.

"영희(가명, 당시 초등학교 5학년)는 이중적이에요. 우리들한테 말할 때 하고, 선생님들에게 말할 때 쓰는 말이 틀려요."

단어를 가려 쓰는 것은 영희 입장에서는 다른 아이들에 대한 배려였습니다. 하지만 적대적인 눈으로 보면 이중적이거나 위선적인 것입니다.

고도 영재들이 겪는 어려움은 한마디로 표현하면 '성장 불균형'이라고 할 수 있습니다. 지적 발달은 빠른 편인데, 정서적 발달, 신체 발달은 빠르지 않습니다. 더 느릴 수도 있습니다.

복잡한 인간관계에서 다양한 상황을 이해하고 처신하기 위해서는 두뇌 속도만으로는 부족합니다. 상황에 대한 판단은 경험과 시간이 필요합니다. 주변 사람들의 눈에는 아이가 어떤 때는 어른처럼, 어떤 때는 어린아이처럼 보입니다.

부모도 혼란을 느낍니다. 어른 아이로 취급하면 매우 분노하고, 어른스럽게 행동할 것을 기대하면 지나친 요구가 됩니다. 부모조차 혼란스러운데, 가족 아닌 사람들이 혼란스러운 것은 당연합니다. 결국 고도 영재는 자신의 지적 능력에 걸맞은 위치에 가서 그에 상응하는 대접을 받아야만 정서적으로 안정됩니다.

고도 영재의 특성은 인위적으로 만들 수 없습니다. 다소 우수한 정도의 학생에게 선행 및 조기교육을 퍼부으면 지식적으로는 발전할 수 있어도 결코 고도 영재처럼 되지는 않습니다. 그럼에도 선행교육으로 만들어진 '가짜 영재'로 오인될 위험성이 높습니다. 성장 불균형으로 인해 균형이 잡히지 않은 모습이 두드러지기 때문입니다.

고슴도치 엄마와 아이의 영재성을 인식하지 못하는 부모

"고슴도치도 자기 새끼는 귀여워합니다."

모든 엄마들은 자기 자녀가 영재라고 착각한다고 합니다. 그런 오해가 생기는 것에는 그럴 만한 이유가 있습니다. 자녀가 건강하게 태어난 경우, 부모들보다 높은 지적 잠재력을 가지고 태어납니다. 자신보다 훨씬 빠른 성장을 바라보면서 부모들은 아이가 자신보다는 훨씬 높은 학업성취도를 보이기를 기대합니다. 엄마들은 자녀가 자신보다 영리한 것에 한 번 놀라고, 학교에 보냈더니 자신의 자녀들뿐 아니라 모든 아이들이 영리한 것에 두 번 놀랍니다.

그러나 고도 영재의 부모들은 자녀가 고도 지능을 가지고 있어도 그것을 알아차리지 못할 가능성이 높습니다. 보통 부모 입장에서는 전체 아동들 중에서 자녀의 지적 발달 속도가 어느 정도인지 알기 어렵습니다. 양육지침서에는 고도 영재에 대한 설명이 없습니다. 양육지침서에 나오는 발달 특징 중 어떤 것은 빨리 나타나고, 어떤 것은 느리거나 비슷하게 나타납니다.

　고도 영재의 부모들은 학교에 아이가 들어가고 난 후에 문제를 겪게 됩니다. 아이가 학교 부적응을 겪으면서 학교의 연락을 자주 받게 됩니다. 문제의 원인을 찾는 과정에서 고도 영재라는 판정을 받는 경우가 많습니다. 아이가 집단 교육에 잘 적응한다면 그저 우수한 그룹에 속한 것으로 기쁘게 생각하겠지만, 많은 경우 문제를 겪습니다. 결국 정신 심리적인 이상이 있는지를 알아보게 됩니다. 이때 지능 검사를 병행하는 경우가 많습니다. 그런데 교사들은 고도 지능 검사 결과를 불신하는 경우가 많습니다. 그 이유를 이제부터 자세히 설명하겠습니다.

영재의 진정한 특성,
'몰입'

　고도 영재의 가장 중요한 특징은 '몰입'입니다. 고도 영재들은 평균적인 아이들에 비해 몰입 정도가 매우 깊습니다. 그런 의미에서 고도 영재의 양육에서 핵심은 몰입할 수 있는 환경을 만들어 주는 것입니다. 학자나 예술가로 대성할 수 있는 핵심적 요소입니다. 하지만 부모들은 몰입하는 아이의 모습에 당황하고, 그대로 방치할 것인지에 대해 심한 갈등을 느낍니다. 예술가, 학자, 발명가, 작가를 키우는 사람들은 몰입의 깊이를 만들어 주기 위해 피나는 노력을 합니다. 반면 한쪽에서는 몰입이 지나쳐서 병적이라고 자꾸 몰입을 차단합니다.

　몰입을 차단하는 어설픈 시도는 매번 실패하고, 부모와 자녀 간의 관계를 불편하게 만듭니다. 고도 영재들은 이것저것 시간 관리를 잘하고, 환경과 상황에 따라 처신을 잘하는 철이 빨리 들고, 싹싹하고 세련된 아이가 아닙니다. 매우 섬세하고 어리고 여리고 까다롭습니다. 고집이 세고 다루기가 어려운 존재입니다.

10살 이전의 아이들이 한두 가지에 재미를 느낄 수 있는 시간은 길어도 10분을 넘기지 못합니다. 고도 영재들은 한 가지 주제에 몇 시간, 심지어 며칠, 몇 달 동안 빠져 듭니다. 그것이 영재의 가장 두드러진 특징입니다. 영재성이 강할수록 몰입 경향은 더욱 강합니다. 이런 특징을 잘 살리면 천재적인 대학자나 예술가가 될 수 있습니다. 물론 일상적인 흐름과 많이 달라서 힘이 듭니다. 일정한 경계선을 두고 관리해야 합니다. 남에게 폐를 끼치거나 부모의 생활에 지장을 초래하는 문제를 일으키지 않는 한 무언가에 몰입하면 최대한 시간과 장소를 보호해줘야 합니다.

고도 영재는 평균적인 아이들과는 다릅니다. 그 연령에 필요한 잡다하고 다양한 활동이나 학습이 꼭 필요하지 않습니다. 몰입은 과제 집착력과 매우 큰 관련성을 가집니다. 과제 집착력은 고도의 지능 개발에 있어 중요한 핵심적 요소인데, 과제 집착력이 강해지기 위해서는 그 과제가 본인 스스로 선택한 것이어야 합니다. 아이를 휘어잡아서 부모나 교사가 원하는 과제를 강요하면, 고도 영재일수록 거부감이 강합니다. 부모가 보기에 이해하기 어려운 것에 대한 집착이더라도 자기가 선택한 과제에 몰입하는 것을 존중할 필요가 있습니다. 그 대상이 무엇이든 스스로 한 대상에 집중하는 과정은 몰입할 수 있는 지구력과 에너지를 발달시키는 좋은 훈련이 됩니다.

몰입을 차단하면 부작용이 만만치 않습니다. 아이가 원하는 지적 요구, 탐구심, 호기심 충족, 과제 완결에 대한 내적 욕구가 차단되면 짜증도 심해집니다. 일상적으로 필요한 다른 활동에 대한 협조가 어려워지고, 생활 리듬도 깨지고 자칫 의욕 상실에 빠지기도 합니다. 몰입을 차단하는 많은 장애물이 있습니다. 우선 아이의 몰입 정도가 강하면 많은 부모가 매우 당황합니다.

"우리 아이는 45개월 정도인데요. 문자 해득이 빨라서 책을 36개월 전후부터 읽기 시작했어요. 책을 붙잡기 시작하면 한 자리에 꼬박 앉아서 2~3시간 이상 책을 읽어요. 괜찮을까요?"

전혀 비정상적인 것이 아닙니다. 고도 영재는 대체로 지적 능력의 발달 속도가 대체로 3년에서 5년, 혹은 그 이상까지 빠르다고 봐야 합니다. 다른 후유증이나 부작용도 없습니다. 문제는 그 나이에 어울리지 않는다는 사람들의 통념에 있습니다. 지나치다는 기준을 훨씬 크고 높게 잡아야만 합니다.

영재를 양육하는 데 있어 부모가 가장 먼저 필요한 것은 일반적인 기준에 대해서 스스로 자유로워지는 것에 있습니다. 고도 영재의 가장 중요한 특성은 몰입의 깊이에 있습니다. 몰입의 깊이에 대해 겁을 먹기 시작하면 부모 스스로 혼란에 빠지게 됩니다. 역사적으로 유명한 고도 영재들의 가장 중요한 공통 요소가 바로 몰입입니다.

영재에게 몰입은 자연스러운 것입니다. 인위적인 훈련이 없어도 상당히 높은 수준의 몰입을 경험하고 반복하게 됩니다. 물론 평균적인 사람에게도 몰입은 가능합니다. 하지만 고도 영재들은 어린 나이에도 특별한 훈련 없이 몰입을 경험하고 매우 깊은 몰입에 빠져드는 경향이 있습니다. 평균적인 사람들은 상당한 훈련을 받아야만 되고, 훈련을 통해도 일정 수준 이상의 몰입은 경험하기 어렵거나 불가능합니다.

몰입의 깊이는 반복할수록 더 깊은 단계에 도달합니다. 몰입할 수 있는 환경이 주어지고 그것을 방해하지 않는다면 더욱 잘할 수 있게 됩니다. 몰입 상태가 되면 주변으로부터 들어오는 여러 가지 신호를 정신 내부에서 차단하고, 모든 정신이 딴 세상으로 가버린 것처럼 됩니다.

몰입을 어떤 시각으로 바라보는가에 따라 많은 차이점이 나타납니다. '몰입'을 병적으로 보기 시작하면 실제로 병이 되고 부모 입장에서는 겁이 날 수도 있습니다. 하지만 조금만 시선을 바꾸면 몰입은 폭발적인 창조와 생산성의 도구가 됩니다.

아주 간단한 예로 '독서 삼매경'이라는 표현이 있습니다. 책에 빠져들어서 책이 제공하는 상상의 세계로 정신이 팔려 들어가는 것입니다. 시간 가는 줄도 모르고, 현실의 세계와 책이 그리는 세계 사이의 차이를 굳이 느끼지도 못 하는 단계라고 할 수 있습니다.

시도 때도 없이 아이가 무언가에 정신이 팔려 시간 가는 줄도 모르고, 자기가 하는 일에 몰두해 있다가 보면 당연히 문제가 많아집니다. 불러도 전혀 반응을 하지 않기도 합니다. 그리고 나중에 자신은 전혀 듣지 못했다고 말합니다. 이동해야 될 경우에는 동행한 사람에게 폐가 됩니다. 시도 때도 없이 정신이 무언가에 뺏겨 버리면 사고를 당할 위험도 높습니다.

결국 몰입하는 것에도 일정한 훈련이 필요하고, 때와 장소를 가리는 분별이 필요합니다. 결국 모든 것이 부모의 부담이 될 수밖에 없습니다. 하지만 '몰입'이 보여주는 불편함과 지나침 때문에 몰입을 방해하면, 고도 영재의 가장 중요한 특성을 발달시키지 못하게 됩니다.

Part 02

미성취 영재들

우리 아이가
정말 영재일까요?

　그동안 600 가족과 상담하면서 가장 많이 받은 질문이 "우리 아이가 정말 영재일까요?"입니다.

　사이트 등록 과정에서 자녀의 지능 지수를 요구하지 않지만 대부분의 가족들은 어디선가 한 번 이상은 지능 검사를 받아 보았습니다. 검사를 통해 높은 지수를 확인 받았는데도 자녀의 영재성에 대해 의심합니다.

　일반 대중들도 의구심으로 가득 차 있습니다. 우선 '무슨 영재가 그렇게 많냐?'라는 것입니다. 지방의 경우는 그렇지 않지만, 서울과 수도권 도처에 사설 영재원, 대학 부설 영재원, 교육청에서 운영하는 영재 교실 등이 많습니다.

　의구심이 많은 이유는 영재 판정을 받은 아이들의 학업성취도가 반드시 높지 않기 때문입니다. 학업성취도만이 아니라 학교 적응에도 어려움을 겪는 경우가 아주 많습니다.

실제로 영재는 대중이 생각하는 것보다 많습니다. 하지만 지능 지수는 사람들이 의심하는 것에 비해 상당히 믿을 만한 지표입니다. 지능 검사를 실시하는 곳이 다양하게 있지만, 그 결과는 서로 비슷합니다. 종류가 많지만 지능 지수 평가는 상당히 안정적입니다. 한 곳에서 영재로 평가된 경우는 어떤 검사를 실시하더라도 영재로 평가됩니다.

그런데 왜 이 아이들이 성적도 좋지 않은 경우가 많을까요? 그리고 성적 이전에 학교생활에서 문제가 많이 발생하고 선생님들로부터 전화가 오게 될까요? 이 책이 쓰인 목적은 이런 질문에 대한 답을 찾아보려는 것입니다.

과연 우리나라에는 만들어진 '가짜 영재'들이 많은 것일까요? 지능 검사와 지능 지수는 다 엉터리 장사 수단에 불과할까요?

아이가 영재라고 하는데, 왜 공부를 못하나요?

영재들의 학업성취도가 그다지 좋지 못한 것은 우리나라만의 문제가 아닙니다. 미국에서 상위 2% 이상의 고도 지능 학생의 학업성취도를 조사한 적이 있었습니다[멀랜드 보고서(Marland Report), 1972].

이 조사 보고서에서 영재로 평가된 아이들 중 반 이상의 학생이 평균 성적도 못내고 있다는 것이 확인되었습니다. 국내에서도 개별 학교에서 지능 지수 평가를 10여 년 동안 축적해 자료를 모은 분이 있었습니다. 미국 멀랜드 보고서와 동일한 '미성취 현상'을 발견했습니다.

하지만 지능 지수와 학업성취도는 비례하고 있습니다. '머리 좋은 아이가 공부를 잘 한다'라는 것은 상식입니다. '공부를 잘 하는 아이는 머리가 좋은 아이다'도 역시 상식입니다. 왜 상식에 어긋나는 일이 일어나는 것일까요?

통계를 보면 지능 지수와 학업성취도에는 매우 밀접한 관계가 있습니다. 이것 역시 학자에 따라 다릅니다만, 대체로 0.8 정도의 상관계수가 나오는 것으로 알려져 있습니다. 상관계수의 설명은 이 책에서는 생략하겠습니다. 단지 지능 지수와 학업성취도는 통계적으로 비례관계가 강하게 나타난다는 것을 보여줍니다. 0.8이라면 대단히 높은 수준이어서 지능 지수가 학업성취도를 결정한다고 할 정도입니다. 하지만 지능 지수와 학업성취도의 비례관계에는 설명하기 어려운 모순이 있습니다.

지능 지수와 학업성취도

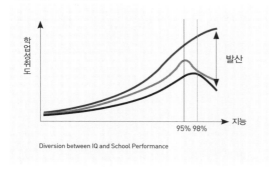

Diversion between IQ and School Performance

그림에서 지능 지수와 학업성취도가 정비례 관계가 있다는 것을 볼 수 있습니다. 왼쪽을 보면 확실한 비례 관계가 보입니다. 그래프의 가운데 곡선이 지능 지수로 나눈 학생 그룹들이 보이는 평균적인 학업성취도를 나타냅니다. 같은 지능 지수의 학생이라고 해도 평균적인 학업성취도에 비해 성적이 떨어지는 학생(아래쪽 곡선)과 더 높은 성취도를 보이는 학생(위쪽 곡선)이 있을 것입니다. 그런 편차가 각 학생이 어떤 노력을 했는지, 좋은 환경에서 공부했는지, 좋은 교사를 만났는지에 따라 나타날 것입니다.

그런 편차가 오른쪽으로 갈수록 늘어납니다. 95%(혹은 상위 5%)를 넘어가면 학업성취도 편차가 훨씬 급하게 위아래로 벌어집니다. 결국 학업성취도가 가장 좋은 그룹은 98% 그룹이 아니라 95% 그룹이 되고 있습니다.

미성취
영재들

　대다수 학생들의 중장기적인 학업성취도는 지능 지수와 높은 비례관계를 보여줍니다. 그러나 지능 지수 130 이상인 영재들의 학업성취도는 오히려 지능 지수 125 전후한 준재그룹에 비해서 낮게 나타납니다.

　지능 지수가 상위 5%(지능 지수 125 이상)에서 2%(지능 지수 130 이하)에 들어가는 학생들은 특별한 경우가 아니면 학업성취도 상위그룹에 들어갑니다. 그런데 보다 높은 지수를 가진 학생들(지능 지수 130, 상위 2% 이상) 중에는 학교생활 부적응 증상을 보이는 경우가 많습니다. 지수가 높을수록 학교생활 부적응 비율이 점점 높아집니다. 그래서 백분율을 기준으로 그룹을 나누어 학업성취도의 평균을 구해보면 상위 5% 그룹을 정점으로 한 뒤, 오히려 점점 내려갑니다. 하지만 상위 2% 이상의 지수를 보여주는 학생 중에는 대단히 높은 학업성취도를 보이는 예외적인 학생들이 나타나기도 합니다.

　학교를 다니는 내내 한 번도 수석을 놓치지 않았다던가, 학업성취도뿐만 아니라 다른 분야에서도 뛰어난 학생이 있습니다. 악기나 미술, 글짓기, 외국어 같은 집중적인 훈련이 필요한 특정 분야 한두 가지 혹은 아주 많은 분야에 동시에 탁월한 능력을 보여주는 경우가 있습니다. 그런 사람이 있는 반면, 높은 지능 지수로 평가되는데도 학업 부진, 학교 부적응에 시달리는 고도 영재들이 많습니다. 이런 영재들의 현상을 '학업 미성취'라고 합니다. 지능 지수가 높을수록 학업성취도가 극에서 극으로 분산된다고 해서 '고도 지능 학업성취도 발산 현상'이라고 합니다.

　지능 지수에 대한 불신은 이런 고도 영재들의 학업성취도가 오히려 떨어지는 것에서 시작됩니다. 전체의 2~3%밖에 되지 않기 때문에 통계적으로는 큰 영향을 받지 않습니다. 하지만 지능 지수가 유난히 높은 그룹은 눈에 띄는 학생들입니다. 바로 그곳에서 비례관계가 깨지기 때문에 지능 지수에 대한 불신을 만듭니다. 고도 영재를 많이 만나는 사람들은 오히려 그런 현상을 더 자주 보게 됩니다. 어떤 의미에서 고도 영재를 더 많이 접하는 사람일수록 지능 지수에 대한 불신이 더 심해질 수 있습니다. 그것이 지능 지수가 가진 모순입니다.

미성취 영재들이 적지 않습니다. 이런 미성취 영재들을 바라보는 학교 선생님들의 시선은 곱지 않습니다. 우선 그 학생의 지능 지수를 의심합니다. 1~2년에 1명 정도가 상위 2%에 들어가는 영재인데, 이들 중 반은 평균도 안 되는 학업 성적을 거둡니다. 그러면 그 학생의 지능 지수가 잘못된 것이 아닐까 하는 의심이 드는 것은 어찌 보면 당연합니다. 지능 검사와 지능 지수 자체를 불신하는 경우가 많습니다.

다음은 온라인 상담문의 중 일부입니다.

> 저희 부부는 아이에 대해 고민하다 웩슬러 검사를 받았어요. 그게 2학년 12월이었는데, 지능 지수 151이라고 평가되었습니다. 150 이상으로 0.1%라고 나왔어요. 저희는 결과지를 들고 학교로 갔습니다. 하지만 꺼내보지도 못했습니다. 담임 선생님은 자기는 그런 것은 알고 싶지도 않고 보지도 않을 것이라고 하시면서, 학교에서는 그런 것이 중요하지 않다고 말하셨어요.

지능 지수 150 이상이라고 하면 고도 지능으로 분류할 수 있습니다. 이런 고도 영재는 일반적인 집단 교육체제 내에서 학습이 어렵습니다. 자신의 잠재 능력을 발휘하기보다는 학습 부진아 혹은 학교 부적응아로 낙인찍히기 좋습니다.

학부모 입장에서 교사는 교육전문가입니다. 교육전문가가 지능 검사와 그 결과인 지능 지수에 대해 이렇게 노골적으로 불신을 표현하고 있습니다. 학부모들은 당혹스러울 수밖에 없을 것입니다. 그런 불신을 받으면서도 학교에서는 끊임없이 지능 검사가 실시되고 있습니다. 잘나가는 학원에서도 지능 검사를 실시합니다. 요즈음에는 학부모들이 정신과병원에 가서 평가하는 일도 흔합니다. 한쪽에서는 믿지 못하겠다는 지능 지수가 다른 쪽에서는 적지 않은 비용을 들여서 계속 실시되는 이런 모순은 어디서 오는 것일까요?

영재가 도대체
왜 그렇게 많아?

　우선 영재의 기준이 2%라는 것을 감안하면, 사실 영재는 많다고 하면 많다고 할 수 있습니다. 한 해 태어나는 학생이 50만 명이라면 매년 만 명의 영재가 태어나는 셈이며, 학자에 따라서는 3~5%까지도 영재로 분류해야 한다고 하니 그보다 훨씬 많은 셈입니다. 일반인들이 기대하는 영재의 수준은 그보다는 훨씬 희소한 특별한 아이들입니다. 그러다 보니 여기저기 보이는 영재들은 일반인들이 인정해줄 만한 영재는 아닌 셈입니다.

　고도 영재는 어떨까요? 우리 아이가 영재냐고 물어보는 많은 부모들의 자녀들 중에는 지수로는 고도 영재(지능 지수 145, 상위 0.13% 이상, 한 해 태어나는 50만 명 중 650명 정도)인 아이도 적지 않습니다. 그렇다고 해서 누가 보기에도 우수하고 똑똑하고 뭔가 하나쯤은 대단한 능력을 보여주는 것도 아닙니다.

학자들이 분류하는 영재는 최상위 2%를 말합니다. 그냥 알기 쉽게 '50명 모아 놓으면 가장 머리가 좋은 사람'이라고 생각하면 됩니다. 그렇다면 영재는 아주 희귀한 아이들이 아닙니다. 영재라고 하면 세상이 떠들썩할 만한 신동이라고 생각하는 것이 보통 사람들의 생각입니다. 그러다 보니 '영재'라는 단어에는 늘 오해가 따라다닙니다.

이런 영재 중에서도 좀 더 특성이 강한 아이들을 '고도 영재'라고 말합니다. 그중에서도 더 특별한 아이들을 '초고도 영재'라고 하는데, 학자들마다 기준이 약간씩 다릅니다. 이 책에서는 최상위 0.1%(1,000명 중 하나, 한 해 태어나는 사람 중 약 500명)를 고도 영재라고 하고, 최상위 0.003%(30,000명 중 하나, 한 해 태어나는 사람 중 약 15명 정도)를 초고도 영재라고 부르기로 합니다. 지능 지수로 따지면 얼마가 될까요? 영재는 지능 지수 130, 고도 영재는 145, 초고도 영재는 160 이상이 됩니다. 고도 영재에 대해서 많은 사람들이 궁금해 하는데, 고도 영재를 지수로만 이야기하는 것은 사실 난센스입니다.

	비율	한 해 태어나는 아이들 수	지수	
영재	2%	10,000명	130	(멘사 가입 기준)
고도 영재	0.1%	500명	145	
초고도 영재	0.003%	15명	160	
		(50만 명이라면)		

정규 분포 곡선과
초고도 영재의 숫자

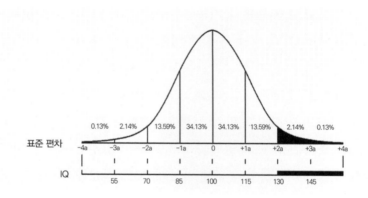

그림은 일반적인 정규 분포 곡선일 뿐입니다. 지능 지수에 따르는 학생들 수의 분포도 일반적인 정규 분포와 전혀 다르지 않습니다. 단지 고지능자 분포는 이론적인 정규 분포보다 다소 높게 나타납니다. 위의 그림은 실제 곡선보다는 양쪽 끝이 다소 크게 표시되어 있습니다.

사람의 키, 체중, 달리기 기록, 높이뛰기 기록, 양배추의 무게, 돌멩이의 무게, 크기, 어떤 것이든 측정해 통계처리를 하면 어느 것이든지 정규 분포 곡선으로 나타납니다. 왜 그런지는 수학 이론으로 밝혀져 있습니다. 모든 숫자는 샘플의 수만 충분하다면 앞에서 보이는 분포를 가집니다. 샘플의 수가 클수록 좀 더 이론적인 정규분포 곡선에 가까워집니다.

이런 숫자를 가지고 표준 편차를 계산하면 숫자의 진폭(최저치와 최고치 사이 간격)이 어느 정도인지를 알 수 있습니다. 표준 편차는 평균치를 중심으로 해서 전체 샘플의 수를 크게 보고 4부분으로 나눕니다. 평균이 100이고 표준 편차가 15라면 100에서 115 사이에 전체 샘플의 1/3이 들어갑니다. 85와 100 사이에 전체의 1/3이 들어갑니다. 115 이상이 1/6, 85 이하에 1/6이 들어갑니다. 표준 편차의 2배로 범위를 넓혀 보면, 100에서 130 사이에 전체의 47.7%, 100에서 70 사이에 47.7%가 들어가

게 됩니다. 즉, 70에서 130 사이로 하면 이 사이에 샘플의 95%
가 다 들어옵니다.

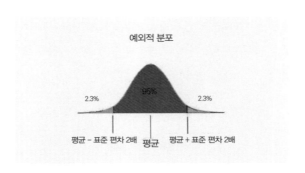

그래서 표준 편차 2배수는 중요합니다. 그 범위를 벗어나는
샘플은 일반적인 범위를 벗어나는 예외적인 경우들이라고 볼
수 있습니다.

지능 지수는 인위적으로 만들어낸 숫자이기 때문에 평균은
100으로 조정되어 있고, 표준 편차는 지능 검사마다 정하기 나
름입니다. 우리나라에서 가장 많이 사용되는 웩슬러 검사가 표
준 편차를 15로 정했기 때문에 이 책에서는 표준 편차 15를 사
용한 지수를 쓸 것입니다.

IQ 130 이상인 사람은 2.3% 정도 되며, 흔히 50명 중 하나, 혹
은 40명 중 하나에 해당합니다. 정확하게 계산하면 43명 중 하

나가 되지만 편의상 50명 중 하나, 즉 상위 2% 정도라고 보아도 됩니다.

  한 해에 초등학교에 입학하는 인원이 한때는 60만 명이 넘었지만, 지금은 50만 명 이하로 떨어졌습니다. 저출산 현상이 가속화되면 더욱 적어질 것입니다.
  통계적인 의미의 영재의 수는 대체로 매년 만 명 정도 될 것으로 봅니다. 정규 분포 곡선의 특성을 들여다보면 지수가 오를수록 높은 지수를 보이는 사람의 수는 매우 희귀해집니다.

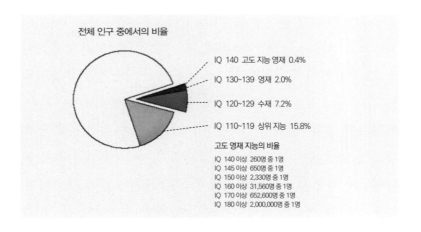

  IQ 145 이상이면 0.13% 고도 영재, 160 이상이면 0.05% 초고도 영재라고 분류하는 경우도 있는데, 실제로는 매우 추상적이고 이론적인 숫자에 불과합니다. 이론적으로 고도 영재는 매년

650여 명, 초고도 영재는 매년 15~20명이 있는 셈입니다.

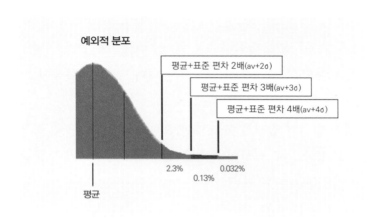

초고도 영재는 1년에 15~20명 정도 태어날 것이라고 추산할 수 있습니다. 하지만 이런 아이들의 존재란 이론적인 것일 뿐입니다. 초고도 영재는 태어날 때부터 초고도 영재라고 말하기 어렵습니다. 고도 영재 중에서 어떤 조건에 따라 지적 특성이 유별나게 발달한 아이가 초고도 영재로 평가될 수 있습니다. 이아이들은 자신이 가진 잠재력을 본인 자신은 알 수가 없습니다. 단지 자기와 비슷한 나이의 아이들이 자신과는 다르다는 것을 느끼게 될 뿐입니다.

부모나 가족들도 자신의 아이가 다른 아이들과는 다르다는 것을 어렴풋이 느끼지만 그것이 고도 영재의 특성이라고 생각하지 못합니다. 많은 경우 육아 서적에서 제시하는 유아 발달 특징이 잘 맞지 않는다고 느낍니다. 아이가 때로는 아주 빨리 성장하기도 하고, 어떤 때는 큰 발전이 한동안 보이지 않기도 합니다. 대체로 육아 서적에 나온 것과 아이의 성장 발달이 다르다는 것을 대수롭지 않게 생각합니다.

미성취 영재 중에
오히려 고도 영재가 많다

영재가 이렇게 많으니 미성취 영재는 빼고 다른 영재들을 열심히 교육시키자는 의견이 있습니다. 똑똑한 아이들은 얼마든지 있으니 약점이 많은 영재까지 챙길 필요가 어디 있냐는 것입니다.

우리 교육 환경이 매우 경쟁적이다 보니 이런 생각을 실제로 많은 사람들이 가집니다. '문제' 많은 영재들이 경쟁에서 밀려나는 만큼 준재들에게도 기회가 생길 수 있다는 느낌이 듭니다. 미성취 영재를 교육 경쟁에서 밀어내 버릴 수 있는 핑계는 무수히 많습니다. 예를 들어 봅니다.

- 노력하지 않는 영재는 노력하는 준재보다 가치가 없다.
- 학교 질서를 지키지 않는다면 가정교육이 부족한 학생이다.
- 정말 영재라면 자기 자신의 능력을 스스로 증명해야 한다.
- 집중력 결핍(ADHD)이라는 장애를 가지고 있다.
- 장애를 가진 영재까지 공교육이 배려해야 할 이유는 없다.

하지만 미성취 영재들은 학교에서 모범생, 우등생들과는 다른 가치를 가지고 있습니다. 미성취 영재들 중에 고도 영재가 많습니다. 고도 영재는 2% 영재들과는 또 다른 특성을 가지고 있으며 모범생, 우등생과는 전혀 다른 차원의 잠재력을 가지고 있습니다.

미성취 영재가
나타나는 이유

지능 지수는 높은데 학교 성적이 높지 않은 아이들이 나타나는 이유에 대해 이해할 필요가 있습니다.

첫째, 또래 집단과는 인지 속도, 어휘, 사고력의 발달 속도 차이가 지나치게 커서 교우 관계에 어려움을 겪게 될 위험성이 큽니다. 전반적인 학교생활에 부적응하게 되며 여러 가지 불필요한 갈등을 겪을 위험성이 대단히 높습니다. 85~90%의 영재들이 정도의 차이를 느낄 뿐 학교생활에서 부적응을 경험합니다. 담임교사가 아이의 특성을 인지하지 못하거나 부정하게 되면 그 어려움이 훨씬 커집니다.

둘째, 영재들은 자아의식이 대단히 빠르게 발달하는 경향이 있습니다. 지수가 높고, 특성이 강할수록 자아의식이 빠르게 형성되어 있어 비교되거나 시험 평가를 받는 것에 대해 거부감이 강합니다. 수시로 평가하고, 많은 반복 훈련을 강요하는 사교육이나 선행학습에 대해 거부감을 가지고 반발합니다. 10살 이전에는 학습과 놀이가 구분되지 않습니다. 따라서 과제와 평가를 배제하고 놀이 형태를 가진 학습으로 유도할 필요가 있습니다. 그렇지 않으면 학습 습관에 대해서 부모, 교사, 학원과 마찰을 일으킬 가능성이 아주 높습니다.

셋째, 강한 자아의식과 자기가 선호하는 과제에 대한 선호도가 매우 뚜렷하고 선호하는 과제에 대한 몰입의 폭이 깊으며 지속시간이 깁니다. 영재에게 적합한 학습방법은 '몰입'이며, 몰입의 정도가 깊고 보호가 강할수록 일반 아동과는 비교하기 어려울 정도의 효율을 보일 수 있습니다.

많은 부모와 교사는 영재의 '몰입' 경향을 병적인 것으로 오해합니다. 실제로 아주 어린아이가 그런 몰입을 경험할 수 있다는 것 자체를 믿지 못합니다. 실제로 그런 모습은 매우 당황스럽고 두려움을 일으키기도 합니다. 몰입 학습은 일반적인 학교 수업이나 체제에서는 실제로 불가능합니다. 집단 학습 체제에서는 수용해주기도 어렵고, 많은 부작용을 일으킵니다.

영재에게는 학습량보다는 동기 유발이 훨씬 더 중요합니다. 고도 영재, 초고도 영재에 가까울수록 동기 유발만 된다면 학과 성적이나 학문적인 발전은 놀라울 만큼 쉽게 이뤄질 수 있습니다. 영재들에게는 진도 재조정이 필요합니다. 조기 입학, 월반, 조기 졸업이 동기 유발과 학문적인 성취와 발전에 필수적인 요소가 됩니다.

몰입과 집중이 되는 과제는 스스로 선택한 것일 경우에만 강력해집니다. 부모나 교사가 강요한 과제일 경우, 큰 마찰과 갈등이 일어날 수 있습니다. 부모나 교사는 아이 스스로 어떤 과제를 선택하도록 유도하거나 환경을 만들어 줄 수는 있습니다. 하지만 강제하려고 하면 큰 어려움을 겪게 됩니다. 10살 이전에는 아이가 스스로 선택한 과제라면 몰입과 집중을 위한 과정이 될 수 있습니다. 본인이 선택한 과제에 몰입하고 집중할 수 있도록 도와줘야 합니다.

결과적으로 고도 영재보다는 준재들에게 학교 환경이 훨씬 유리하다는 것을 알 수 있습니다. 고도 영재들이 자신의 능력을 발휘할 수 있게 하려면 지금과는 다른 프로그램이 필요합니다.

영재의 딜레마,
영재의 비극

　영재에 대한 이론과 영재 교육의 실상에 대한 전반적인 내용을 다룬 책이 1994년 미국에서 출간되었습니다.《영재교육백서(*Guiding the Gifted Children*)》입니다.

　이 책의 출간에는 슬픈 사연이 있습니다. 달라스 엑버트라는 영재 소년이 자살했습니다. 달라스의 부모들은 영리했던 아이가 왜 14살에 자살했는지 알고 싶었습니다. 그들이 어떻게 했어야 하는지 뒤늦게라도 알고 싶었습니다. 그러나 많은 노력에도 불구하고 영재들이 겪고 있는 독특한 어려움을 제대로 이해하고 도와주는 프로그램이 어디에도 없다는 것을 알게 되었습니다. 결국 달라스의 부모들이 출연한 기금을 바탕으로 오하이오주 라이트 대학이 협조해 영재아들의 정서적인 문제를 도와주는 프로그램을 만들기 위한 노력이 시작되었습니다.

　얼마 후, 60분짜리 토크쇼인 〈필 도나휴 쇼〉에 달라스의 부모들과 연구자들이 출연했습니다. 이 방송이 나가자 미국 전역에서 2만여 통의 편지가 쏟아져 들어왔습니다. 비슷한 어려움을 겪고 있는 가족들이 그만큼 많았던 것입니다. 협회는 2만 통의 편지를 모두 가져다가 분류한 다음, 모든 편지에 대해 일일이 답신을 했습니다. 약 2년에 걸친 작업이었습니다. 이 작업을 통해 영재들이 일상적으로 겪게 되는 많은 문제들에 대한 대응 방법이 정리되었습니다. 그 결과가 《영재교육백서》로 정리되었습니다. 그런 프로그램을 실천하는 협회가 SENG(영재들의 정서적 개발을 지원하는 모임, Supporting the Emotional Needs for the Gifted Children)입니다. SENG는 영재아들이 겪게 되는 여러 가지 정서적 위기를 극복하도록 돕는 프로그램을 제공하고 있습니다.

SENG은 다른 영재 프로그램과는 근본적으로 다릅니다. 영재아의 조기 교육이나 지적 특성을 강화하려는 것이 아닙니다. 오히려 이들이 겪는 정서 개발의 어려움에 초점을 맞추고 있습니다. 정서적 어려움을 극복하면 영재들의 지적 발전은 큰 문제가 안 된다는 것이 SENG의 믿음입니다. 한국에서 자생적으로 시작되었지만, SENG이 지향하는 바를 한국에서 구현하고자 노력하는 모임이 네이버 카페 '이든(cafe.naver.com/edencenter)'입니다. 거기서 제공하는 프로그램이나 관련 사항은 뒤에서 정리하기로 합니다.

· 왼쪽부터《영재교육백서》원서 표지, 국내에 처음 번역되어 나왔을 때 책 표지, 제목이 바꾸어 재출간된 책 표지.

윌리엄 시디스
(Willian James Sidis, 1898~1944)

달라스 엑버트만이 애처로운 운명을 가
진 영재가 아니었습니다. 천재라고 하면
누구를 떠올리십니까? 알베르트 아인슈
타인? 레오나르도 다 빈치? 아이작 뉴턴?
존 스튜어트 밀 John Stuart Mill?

실패하고 그래서 잊힌 천재가 있습니다.
윌리엄 제임스 시디스입니다. 이 사람의
생애를 기자들이 집요하게 추적해서 이 사람의 일대기가《프로
디지(*The Prodigy*, 불세출의 천재)》라는 책으로 정리되어서 지금
전해지고 있습니다.

윌리엄 시디스의 부모는 반유대주의의 탄압을 피해 미국으로
이민 온 러시아계 유대인들이었습니다. 부모들 스스로가 대단

히 비범한 천재였습니다. 아버지 보리스 시디스^{Boris Sidis}는 미국 이민 이후 불과 4개월 만에 영어를 습득했습니다. 윌리엄 시디스의 어머니인 사라 만델바움 시디스^{Sarah Mandelbaum Sidis}도 남편에게 영어를 배워 쉽게 의사소통을 시작했다고 하는데, 사라는 19세기에 정규 의과 대학을 졸업한 몇 안 되는 여자입니다. 둘이 결혼해 1898년 4월 1일에 태어난 사람이 바로 문제의 '윌리엄 제임스 시디스(이하 '윌리엄')'입니다.

윌리엄은 생후 18개월이 되자 읽기와 셈을 했다고 합니다. 3살에는 타자기를 쳤고, 6살에는 어떤 날짜라도 대면 요일을 맞출 수 있는 만세력을 만들었습니다. 8살에 하버드 의대와 MIT 입학 자격을 동시에 얻었습니다. 결국 11살에 하버드 대학 특별 입학생으로 등록했습니다.

12살에는 하버드 대학의 수학 클럽에서 4차원 물체에 대한 강의를 했습니다. 윌리엄의 관심영역은 대단히 넓어서 정치, 수학, 언어, 천문학, 해부학, 전송 시스템에 이르렀습니다.

그러나 윌리엄은 대단히 비사교적인 성격을 가지고 있었습니다. 당시 하버드 대학 안에는 유대인에 대한 거부감이 많았습니다. 윌리엄은 학생과 교수들로부터 따돌림을 당했습니다. 성적도 저조해 어머니의 책망을 받았습니다. 1915년 17살의 나이로 라이스 연구소의 수학과 교수 자리를 얻었지만, 나이 많은 학생들과 갈등을 일으켰습니다.

사회주의 정당에 가입하고 간행물에 게재한 몇몇 논평이 문제가 되어 결국 연구소에서 축출되었습니다. 다시 하버드 법대에 입학했으나 양심적 병역 거부 문제로 투옥되었다가 1차 대전이 끝나자 출옥합니다. 복직한 연구소가 군사 협정에 관련된 사업을 하는 것에 문제 제기를 했습니다. 항의 시위에 참가했다가 주모자로 지목되어 다시 투옥, 18개월의 중노동형을 받고 나서 출옥합니다.

1925년《살아 있는 것과 죽어 있는 것(*The Animate and The inanimate*)》이라는 책을 출판했으나 전혀 주목받지 못합니다. 그래서 다시는 책을 쓰지 않겠다고 결심합니다.

이 책에서 윌리엄은 누구보다도 몇 년 앞서 블랙홀의 존재에 대해 주장했지만, 철저하게 무시당했습니다. 그 후 윌리엄은 러시아어 번역 작가로 활동하기도 했고, 낮은 보수의 여러 직업을 전전했습니다.

기자들은 이따금씩 그를 찾아와 실패한 천재의 근황을 다뤘고, 그때마다 윌리엄은 언론과 마찰을 일으켰습니다. 결국 1944년 46살의 젊은 나이에 뇌출혈로 사망합니다. 사망 원인에 대해서는 여러 설이 있습니다.

전기 작가 에이미 월러스[Amy Wallace]가 윌리엄 시디스의 생애를 추적해서 전기를 만들어 전해지고 있습니다. 전기 작가는 그

의 생애를 '금붕어 어항 속의 삶'이라고 불렀습니다. 어린 시절
에는 천재성을 만끽했지만, 그 결과 그의 일거수일투족이 대중
의 관심을 받고 사적인 생활이 박탈됨으로써 생애는 심한 왜곡
을 겪어야만 했습니다.

그에게 자율성과 자연스러운 환경이 주어졌다면 어떠했을까
요? 대중의 기대 충족이라는 압력이 없었더라면 그의 생은 조금
은 달라지지 않았을까요?

잠재력을 가진 아이들을 위한
미래의 열쇠

잠재력을 가지고 태어나는 아이들은 분명히 있습니다. 이 아이들이 고도 영재로 성장할 수 있을지, 미성취 영재로 불행한 삶을 살게 될 것인지 그 열쇠를 쥐고 있는 사람은 부모일 수밖에 없습니다.

부모들이 먼저 아이가 가진 잠재력을 정확히 이해할 필요가 있습니다. 높은 지능 지수는 어떤 의미를 갖는지, 좀 더 깊이 있게 이해해야 합니다. 고도 영재이면서 고도 영재에 걸맞은 교육 환경에서 좋은 교육자를 만나려면 그 부모나 가족이 영재가 어떤 특성을 가지고 있는지 알아야 합니다. 그에 반해 사람들은 영재라는 말에 상당한 혼란을 느낍니다. 영재의 의미를 잘못 받아들이고 있습니다.

첫째, 영재는 수십만 명 중 하나밖에 없는 존재일 것이라고 생각합니다. 영재는 학술적으로 40~50명 중 하나일 뿐인데도 불구하고, 초고도 영재가 되어야 영재라고 부를 수 있다고 생각합니다. 그것은 영재에 대한 용어가 혼란스럽게 사용되기 때문이기도 하고, 다소 흥미 위주로 다루는 매스컴 때문일 수도 있습니다.

둘째, 부모들은 아직 어린 자녀가 영재라는 꼬리표를 어린 나이에 달게 되는 것에 대해 부담스러워합니다.

셋째, 부모들은 자신의 어린 시절이나 가족 또는 친인척의 자녀들 이외에 다른 영유아들의 성장과정을 보지 못합니다. 또 다른 영재들이 어떻게 성장하는지 알 수가 없는 상태입니다. 자신의 아이들이 뚜렷하게 영재 특성을 보이더라도 그것이 영재 특성인지 알 수 없습니다. 자신의 자녀가 영재 또는 초고도 영재라고 믿을 만한 자료나 비교 대상이 없기 때문입니다.

영재도 흔한 존재가 아니지만, 영재를 영재라고 바로 알아볼 수 있는 부모를 만난다는 것은 더욱 흔치 않습니다. 많은 부모들은 영재를 그저 똑똑한 아이라고 생각합니다. 주변 사람들로부터 조금 똑똑한 아이를 영재라고 착각하며 헛된 꿈을 꾼다는 비난을 듣게 될까 두려워합니다. 영재들은 집단 교육에서 교육받기가 대단히 어려운 조건을 가지고 있습니다. 그것을 알기만

해도 영재의 여러 어려움은 사전에 상당 부분 예방이 될 수 있습니다.

영재를 영재인지 알아보지 못할 뿐 아니라, '영재라고 착각하는 것'이라는 비난을 두려워해야만 하는 것은 안타까운 일입니다. 영재들이 적합한 교육을 받지 못할 수 있습니다. 그것은 우리나라만의 문제가 아닙니다. 미국에서도 똑같은 문제가 있습니다. 아직도 충분히 해결되지 않은 상태입니다. 이런 모순과 난점에 대한 자각은 미국에서도 너무 늦게 찾아왔고, 이런 자각이 확산되는 속도도 너무 느립니다.

실제 영재들의 부모들은 검사결과에 대해 대부분 놀라기도 하고, 못 믿는 경우가 대부분입니다. 영재 또는 고도 영재의 일상 생활은 사람들이 기대하는 것과는 달리 그다지 신나고 자부심을 느끼는 것이 못 됩니다. 힘들고 지치고 실망스러운 것입니다. 아이의 영재성은 영재기관이나 정신과병원의 평가를 통해서만 알 수 있는 것은 아닙니다. 영재들이 가진 특징과 행태를 종합해보면 누구든지 확인할 수 있습니다.

이제부터 지능 지수와 지능 검사에 대해서 알아보기로 하겠습니다.

Part 03

지능 지수를
믿을 수 있나요?

지능 지수의
정체

　사람들은 지능 지수에 대해 불신, 호기심이나 막연한 환상을 갖습니다. 아인슈타인 같은 대학자의 지능 지수가 얼마일 것이라는 이야기도 흔히 듣습니다. 놀라운 능력을 보이는 신동과 관련해 지능 지수를 잘못 대입하기도 합니다. 그럼에도 하나의 지수로 고도 지능, 초고도 지능을 평가하는 것에 대해서 사람들은 흥미를 느낍니다. 우선 지능 지수가 어떻게 만들어지게 되었는지에 대해서 알아보기로 합니다.

　처음 지능 지수를 만든 프랑스의 비네Binet 박사는 실제 나이와 정신적 발달 정도를 비교하는 비율을 생각했습니다.

알프레드 비네(Alfred Binet, 1857~1911)

우선 지능 지수를 처음 어떻게 만들었는지
살펴봅니다. 비네 박사는 파리에 있는 학생
들을 대상으로 지적 발달상황을 평가했습니
다. 언어적인 발달, 수리 논리 능력, 기억력,
인지 능력을 평가해 점수를 매겼습니다. 그
리고 전체 학생 100명 중에서 70등을 한 아동의 점수를 기준으
로 정했습니다.

어린아이들은 하루가 다르게 성장합니다. 따라서 지능 지수
평가에서 실제 나이는 중요합니다. 6살에서 14살 사이의 학생
들을 나이 그룹으로 묶어서 각 나이별로 기준 점수를 뽑아냅니
다. 그것이 '나이 지능'이 됩니다. 당연한 결과이지만 나이가 많
을수록 시험에 대한 득점은 전체적으로 올라갑니다. 각 나이 그

지능 지수(IQ)의 개념

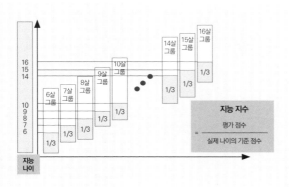

룹별로 위로부터 70% 위치에 있는 학생의 득점을 그 나이의 기준 능력으로 정했습니다. 그 수준을 그 나이 또래 아이들의 평균적인 지능으로 본 것입니다.

 평가 점수는 '지능 나이'의 기준 점수와 비교됩니다. 6살의 학생이 8살의 기준 점수를 얻었다면 8/6×100%=133포인트가 됩니다. 같은 점수를 얻었다고 하더라도 1살 혹은 1개월이라도 어린 학생의 지수는 더 높아집니다. 이렇게 얻어진 IQ를 마치 아이들의 키를 측정해 얻은 자료와 비슷합니다. 통계 처리를 해보면 아래와 같은 곡선을 얻게 됩니다. IQ가 130이 넘는 아이들은 실제로 2% 정도밖에 나타나지 않습니다.

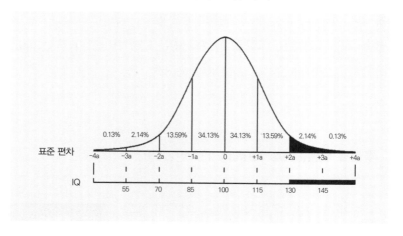

스탠포드 비네 검사

비네 박사의 지능 검사는 대서양을 건너 미국으로 갑니다. 스탠 포드 대학에서 더 많은 연구와 실험 자료가 추가되었습니다. 미국 에서의 지능 검사와 지능 지수에 대한 연구는 루이스 터먼이 앞장 섰습니다. 스탠포드 대학을 최고의 명문으로 만들고자 하는 학교 이사회는 터먼의 연구를 적극 지원합니다.

루이스 터먼(Lewis Terman, 1877~1956)

1차 세계 대전 때 병사용 지능 검사가 개발 되어 모든 입대 청년들은 시험을 치르게 했 습니다. A에서 E까지 등급이 매겨지고, A등 급 병사는 모두 장교 교육부대로 보내고, D

와 E등급 병사는 처음부터 장교 교육에서 제외했습니다. 지능 지수가 높은 청년들의 장교 교육성과가 좋게 나타났습니다. 그러자 많은 사람들이 지능 검사를 인정하기 시작했습니다.

하지만 지능 검사가 많이 쓰이게 됨에 따라 비네가 경고했던 부작용도 같이 나타났습니다. 지능 검사는 미국의 이민 자격 심사에도 한동안 적용되었습니다. 영어를 모르고 스페인어밖에 모르는 아메리카 원주민이나 흑인들에게도 영어로 된 지능 검사를 받게 했습니다. 검사 결과가 낮으면 이민 허가를 주지 않았습니다. 매우 불공평한 일로, 어떻게 그런 일이 있을까 싶지만 실제로 일어났습니다. 어찌 되었든 '스탠포드 비네 검사'라는 이름으로 자리 잡은 이 검사는 전통과 역사가 가장 깊은 지능 검사가 되었습니다.

데이비드 웩슬러와
지능 지수 개념의 표준화

데이비드 웩슬러(David Wechsler, 1896~1981)

웩슬러는 지능 검사를 개량했습니다. 지능 나이와 실제 나이의 비율이라는 최초의 개념에 얽매이지 않기로 합니다. 숫자를 통계적으로 조정해 100이 평균이 되도록 하고, 표준 편차는 15가 되도록 했습니다. 이런 일들  을 표준화 작업이라고 하는데, 이론적으로는 그렇게 어려운 것은 아닙니다. 충분히 많은 샘플만 모은다면 간단히 표를 만들어 지수를 뽑아낼 수 있습니다. 최소한 몇 천 명을 조심스럽게 평가해서 자료를 모아야 하기 때문에 비용은 많이 듭니다.

아주 간단히 설명하면, 100명 중 50등의 점수는 원점수와 상관없이 100점으로 정합니다. 지수 자체가 정규 분포 곡선이 되도록 원점수와 환산된 지수의 수준을 조정하는 것입니다.

다음 그림은 웩슬러 검사가 어떤 항목들로 이뤄져 있는지를 설명하는 것입니다. 처음 비네 박사가 생각했던 세부항목들을 좀 더 체계적으로 만들려는 노력이 보입니다. 대략 10년에서 12년에 한 번 정도 개정판이 나옵니다. 2011년에 영문판 아동용 웩슬러 검사(WISC : Wechsler Intelligence Scale for Children) 버전 4가 나왔고, 한글판이 2013년에 나왔습니다. 동작성 지능과 언어성 지능으로 나누던 것을 그 하위에 있는 네 가지 요소로

전체 척도

언어이해	시공간	유동추론	작업기억	처리속도
공통성 어휘 상식 이해	토막 짜기 퍼즐	행렬추론 무게비교 공통 그림 찾기 산수	숫자 그림기억 순차연결	기호 쓰기 동형 찾기 선택

기본지표 척도

언어이해	시공간	유동추론	작업기억	처리속도
공통성 어휘	토막 짜기 퍼즐	행렬추론 무게비교	숫자 그림기억	기호 쓰기 동형 찾기

추가지표 척도

양적추론	청각작업기억	비언어	일반능력	인지효율
무게비교 산수	숫자 순차연결	토막 짜기 퍼즐 행렬추론 무게비교 그림기억 기호 쓰기	공통성 어휘 토막 짜기 행렬추론 무게비교	숫자 그림기억 기호 쓰기 동형 찾기

평가해주는 것이 특징입니다. 버전 4에 대해 학계에서 네 가지 요소로 나눈 것에 대한 비판이 있었습니다. 웩슬러 연구소는 이에 대응해서 서둘러 아동용 버전 5를 개정해서, 2014년에 발표했고, 한글판 버전 5는 2019년에 출시되었습니다. 일반적인 경우보다는 매우 서둘러 새로운 버전이 발표된 것입니다.

표준 편차를 사용하면 편리한 점이 있습니다. 지수로 학생들 사이의 순위를 쉽게 짐작할 수 있습니다. 지수를 알고 표를 찾으면 상위 몇 % 그룹에 속하게 될지 알 수 있습니다. 편리한 것은 좋지만 인간이 가진 지적 능력은 사실 그렇게 단순하지 않습니다. 단 하나의 숫자로 비교한다는 것은 오로지 한 가지 요소만 있다는 주장처럼 들립니다. 하지만 숫자 비교는 누구나 하기 쉽기 때문에 숫자로 지적 능력을 비교해보는 것은 상당한 매력이 있습니다. 정말 지수가 높은 아이들은 남다른 능력을 가지고 있을까요?

지수가 120 정도로 평가되는 아이들과 평균적인 아이들 사이에도 학습 능력에 상당히 큰 차이가 있습니다. 지수가 130이 넘는 아이들은 120 정도 되는 아이들과 다른 점이 있습니다.

지능 검사와 지능 지수는 100년 이상의 역사를 가지고 있습니다. 학술적으로 상당히 철저한 검정 작업이 있어 왔습니다. 결코 가볍게 무시할 수 있는 지표가 아닙니다. 그럼에도 불구하고 그

의미에 대해서는 교육 전문가들 사이에 매우 큰 혼란이 있습니다. 그리고 여러 이유로 이 지수는 상당한 불신을 받습니다. 오히려 학교의 교사들의 불신이 강합니다.

결론부터 말하면 지능 지수는 그럭저럭 믿을 만한 하나의 지표가 됩니다. 하지만 치명적인 한계가 있으며 교사들이 충분히 이해하지 못하고 있는 것에는 이유가 있습니다.

우선 학부모들이 보기에 학교 교사, 혹은 유치원 보육사, 사설 영재원의 종사자들은 교육 전문가들입니다. 그런데 교육 전문가들이 지능 지수에 대해서 이야기하는 바가 제각각입니다. 한쪽에서는 지능 지수가 매우 중요한 지표라고 하고, 다른 쪽에서는 지능 지수를 불신합니다. 학부모 입장에서는 혼란스러울 수밖에 없습니다. 한마디로 교사들 사이에도 지능 지수와 지능 평가에 대한 의견이 갈려 있습니다. 과연 어느 쪽 말이 맞는 것일까요?

지능 지수는 고등학교 이상의 과정에 올라가서 그 학생이 어느 정도의 학업성취도를 보일지를 예측해줍니다. 대학과정에 들어가면 더욱 중요해집니다. 학위를 취득하고 어느 정도 이상의 학자로서의 자질을 갖출 것인지 예상할 수 있습니다. 그렇기 때문에 많은 논란에도 불구하고 지능 검사는 계속 실시되는 것입니다. 많은 교사들이 평가결과를 계속 참조합니다. 지능 지수와 지능 평가에 대한 혼란과 의문점에 대해서 좀 더 살펴보겠습니다.

지능 지수의 평균은 100인가?

　지능 지수의 평균은 100이라고 하는데, 점수가 너무 높아 보입니다. 가끔은 이런 소리도 듣게 됩니다.

　"100 이하인 아이들은 거의 없고, 1명 정도입니다."

　"우리 반에는 130 넘는 아이가 10명도 넘어요. 어지간하면 120은 돼요."

　지능 지수의 평균은 100이 맞습니다. 지능 지수는 평가 시험의 원점수를 그대로 사용하지 않습니다. 통계 도구를 써서 평균이 100이 되도록 환산표를 만듭니다. 따라서 그렇게 될 수밖에 없습니다.

　국가마다 평균값이 틀립니다. 세계가 공통적으로 사용하는 지능 검사와 지능 지수는 평균이 100입니다. 하지만 우리나라의 평균 지능 지수는 평균이 100이 아닙니다. 실제로 한 학급 30명 중에서 100 이하로 평가된 아이는 하나밖에 나오지 않는 일도 생길 수 있습니다. 지능 지수와 관련해 연구 자료를 제시한 영국 얼스터 대학의 심리학과 교수 리처드 린  Richard Lynn의 자료를 살펴보면, 전 세계 평균은 100이고 후진국의 경우 그 평균이 실제로 대단히 낮다는 것을 확인할 수 있습니다.

지역별로 또는 학교별로 지능 지수의 평가 자료들이 고르지 않기 때문에 100 이하의 학생과 100 이상의 학생이 반반씩 나오는 것은 아닙니다. 서울처럼 교육 경쟁이 치열한 곳에서는 실제로 지능 지수가 높은 아이들이 아주 많을 수 있습니다. 하지만 전 세계적인 평균은 100 이 맞습니다. 리처드 린의 자료를 잠깐 살펴보기만 해도 실제로 한국 사람들의 지능 지수가 높다는 것을 확인할 수 있습니다.

다음 자료를 살펴보면, 영국과 서유럽 국가의 평균이 100이 되도록 표준화되어 있다는 것을 짐작할 수 있습니다. 홍콩이 107로 가장 높이 나오지만, 만약 한국도 서울시만 별도로 측정한다면 더 높은 지수가 나올 수 있습니다. 한국의 국가 평균은 106으로 나오는데 이것은 국가 평균입니다. 서울 지역의 평균 지수는 110이 넘을 것으로 예상됩니다. 그중에서도 고학력 집단이 몰려 있고, 교육열이 유난히 높은 곳에서는 평균 지능 지수가 더 높게 나올 것입니다.

Rank	Country	IQ estimate	Rank	Country	IQ estimate
1	Hong Kong	107	19	Mongolia	98
2	South Korea	106	19	Norway	98
3	Japan	105	19	United States	98
4	Taiwan	104	25	Canada	97
5	Singapore	103	25	Czech Republic	97
6	Austria	102	25	Finland	97
6	Germany	102	28	Argentina	96
6	Italy	102	28	Russia	96
6	Netherlands	102	28	Slovakia	96
10	Sweden	101	28	Uruguay	96
10	Switzerland	101	32	Portugal	95
12	Belgium	100	32	Slovenia	95
12	China	100	34	Israel	94
12	New Zealand	100	34	Romania	94
12	United Kingdom	100	36	Bulgaria	93
16	Hungary	99	36	Ireland	93
16	Poland	99	36	Greece	93
16	Spain	99	39	Malaysia	92
19	Australia	98	40	Thailand	91
19	Denmark	98	41	Croatia	90
19	France	98	41	Peru	90
			41	Turkey	90

Rank	Country	IQ estimate	Rank	Country	IQ estimate
44	Colombia	89	64	Barbados	78
44	Indonesia	89	64	Nepal	78
44	Suriname	89	64	Qatar	78
47	Brazil	87	67	Zambia	77
47	Iraq	87	68	Congo	73
47	Mexico	87	68	Uganda	73
47	Samoa	87	70	Jamaica	72
47	Tonga	87	70	Kenya	72
52	Lebanon	86	70	South Africa	72
52	Philippines	86	70	Sudan	72
54	Cuba	85	70	Tanzania	72
54	Morocco	85	75	Ghana	71
56	Fiji	84	76	Nigeria	67
56	Iran	84	77	Guinea	66
56	Marshall Islands	84	77	Zimbabwe	66
56	Puerto Rico	84	79	Democratic Republic of the Congo	65
60	Egypt	83	80	Sierra Leone	64
60	Saudi Arabia	83	81	Ethiopia	63
60	United Arab Emirates	83	82	Equatorial Guinea	59
61	India	81			
62	Ecuador	80			
63	Guatemala	79			

출처 : IQ와 국가의 부(IQ and the wealth of the nations, Richard Lynn & Tatu Vanhanen), 2000년 기준.

지능 지수의
국제적 비교

　지능 지수의 국제적인 비교는 대단히 어렵습니다. 자칫 인종적인 편견을 보여준다는 비난을 받게 됩니다. 사람들은 우생학 이론(우수한 인종을 개발해야 한다는 파시스트 이론)으로 인종 청소를 저질렀던 2차 대전의 악몽을 떠올립니다. 그래서 자료가 많지도 않고 좀처럼 공개되지도 않습니다.

　리처드 린 박사팀이 사용한 지능 검사는 레이븐스 매트릭스입니다. 이 지능 검사는 언어가 포함되어 있지 않은 도형만으로 구성되어 있습니다. 언어적인 차별이 없다고 해서 '탈문화 지능 검사'라고 불립니다. 80여 개 국가의 자료를 모은 자료는 흔하지 않습니다. 지능 지수가 나라별로 실제로 어떻게 나타나는지 보여줍니다. 과연 평균 지능을 100으로 한다는 주장이 맞는지, 확인해볼 수 있습니다.

존 레이븐(John C. Raven, 1902~1970) 박사
는 장애 아동 문제를 연구하던 중에 지능 지
수검사에도 관여하게 되었습니다. 장애아 가
족들의 지능을 평가해서 어떤 관계가 있는
지 분석하고자 했습니다. 그 과정에서 스탠
포드 비네 검사가 다루기가 까다롭고, 평가
에도 어려움이 있다는 점을 알게 됩니다. 그래서 문화 특성이나
언어적인 특성이 배제된 검사를 개발합니다.

레이븐이 개발한 지능 검사는 그림만으로 구성되어 있습니
다. 일정한 규칙을 가진 그림들을 행렬(매트릭스)형태로 보여주
고 비어 있는 자리에 규칙에 맞는 그림을 골라 넣는 간단한 방
식입니다. 처음에는 간단하지만, 뒤로 갈수록 복잡해집니다. 이
지능 검사는 인기를 얻어서 여러 가지로 개발되었는데, 몇 가지
장점이 있습니다. 검사가 40분 이내의 짧은 시간으로 충분합니
다. 단체 검사도 쉽습니다. 평가도 간편합니다. 설명이나 언어적
인 표현이 전혀 없기 때문에 문화적인 차이에 따르는 불공평함
이 처음부터 없습니다.

레이븐스 매트릭스는 웩슬러 검사나 스탠포드 비네 검사와는
달리 전문 평가자의 1대 1 면접 과정이 없는 단순한 지필검사입
니다. 그런데도 결과는 다른 지능 검사와 큰 차이가 없습니다.
상관계수 평균은 공인된 지능 검사 중에서 가장 높게 나타납니

다. 말하자면 가장 객관적이라고 해도 됩니다. 간단한 평가 방식으로도 신뢰감 있는 측정이 가능하다는 것을 보여줍니다. 물론 고도 지능에 대한 엄밀한 평가에는 적합하지 않습니다. 하지만 최상위 1% 정도(IQ 135 정도)에 드는 수준인지 평가하는 데까지는 믿을 만하다고 보고 있습니다.

레이븐스 매트릭스는 탈문화적 요소로 인해 많은 나라에서 실시될 수 있었고, 인종과 국가별로 지능을 비교하는 자료를 많이 만들어냈습니다.

중요한 의미가 하나 더 있습니다. 자폐아들 중에서 오히려 추론 능력과 집중력이 고도로 발달된 아이들이 있다는 것을 확인

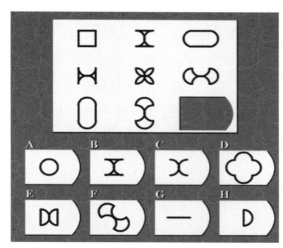

레이븐스 매트릭스에서 나오는 문제와 같은 형식으로 된 문항의 예

할 수 있었습니다. 언어로 의사소통에 어려움을 느끼는 장애아의 지능 검사도 가능해진 것입니다. 레이븐스 매트릭스는 플린 효과를 밝혀내는 데도 많은 기여를 했습니다. 이렇게 단순한 검사도 지능 지수를 측정하는 데 매우 훌륭한 도구가 된다는 것은 놀라운 일입니다.

플린 현상

뉴질랜드 정치 사회학자 제임스 플린^{James}
Flynn, 1934~2020은 많은 나라 사람들의 지능 지
수가 꾸준히 높아진다는 것을 발견했습니다.
평균적으로 30년에 10포인트 정도 올라갑니
다. 30년이라고 하면 한 세대에 해당합니다.
따라서 10년에 3포인트 정도가 올라간다는 것입니다. 이런 현상
은 다른 학자들에 의해서도 확인되었습니다. 만약 그렇다면, 100
년 전 천재에 속하던 사람들이 지금은 거의 둔재나 천치 혹은 정
신 지체 수준밖에는 안 된다는 것입니다.

플린은 스스로 그런 현상을 발견하고서도 그 결과를 의심했
습니다. 과연 날이 갈수록 사람들의 지능이 올라가는 것일까요?
어떤 이유로 그런 착시 현상이 일어나는 것은 아닐까요? 학계에
서는 아직도 논쟁이 끝나지 않은 상태입니다.

플린 자신이 의심을 가지고 여러 가지로 점검해보았지만 결과는 같았습니다. 선진국, 후진국 가리지 않고 정도의 차이는 있지만 지능 지수는 꾸준히 올라가고 있습니다. 플린과 지능학자들은 왜 이런 현상이 있는지 많은 고심을 했지만, 어찌 보면 너무도 당연합니다.

첫째, 전반적으로 사람들의 영양 상태가 좋아졌습니다.

만 2살, 24개월 이전 영아들의 영양 공급은 뇌 발달에 직접적인 영향을 줍니다. 태아에게는 산모의 건강, 영양 상태가 중요합니다. 20세기와 21세기에 인류의 영양 섭취 상황은 눈에 띄게 좋아졌습니다.

둘째, 풍토병이 많이 줄었습니다.

개발도상국에 흔한 풍토병도 아이들의 지능 발달에 큰 타격을 줍니다. 풍토병에 대한 예방과 치료가 대체로 좋아진 것이 플린 현상의 한 가지 이유가 됩니다.

어떤 이들은 그렇다면 이미 영양 공급이나 풍토병이 문제가 되지 않을 선진국에서도 지능이 발달하는 것은 왜냐고 묻습니다. 사실 일부 선진국에서는 지수의 상승 속도가 점차 느려지고 있습니다. 대체로 후진국에서 지능 지수의 상승 속도가 빠릅니다. 영양 부족과 풍토병이 지능 발달에 악영향을 주는 것은 확실합니다. 영양 상태와 위생 환경이 빨리 좋아지고 있는 개발도상국에서 평균 지능 지수의 상승 속도가 높아지는 것은 당연한 결과입니다.

셋째, 영상 매체들이 발달했습니다.

텔레비전, 영화, 시청각 교재 등과 같은 영상 매체가 빠르게 발달하고 있습니다. 영상 매체의 발달은 지능에 큰 영향을 줍니다. 선진국 국민의 지능 지수 향상은 상당 부분 이것이 원인입니다.

넷째, 전 세계적으로 학교 교육 기간이 계속 늘어나고 있습니다.

다섯째, 부모들의 학력과 기대 수준이 높아졌습니다.

부모들의 학력이 높아짐에 따라 가정에서의 지적 발달 자극이 좀 더 강해지고 있습니다. 학업 경쟁도 점점 심해지고 있으며, 지적 발달에 대한 쏠림 현상이 점점 커지고 있습니다. 이에 따라 예술, 체육, 문화 교양에 대한 학습이 위축되고 있다는 걱정이 많습니다.

여섯째, 복잡한 사고가 필요한 환경입니다.

가전제품이나 전자 기기 등 어릴 때부터 좀 더 복잡한 사고를 해야 될 필요가 늘어나고 있습니다.

우리나라 부모들이
두 번 놀라는 이유

　플린 현상을 감안하면, 우리나라 학부모들이 느끼는 당혹감과 어려움을 이해할 수 있습니다. 많은 학부모들이 자녀들의 뛰어난 능력에 대해 놀라고 기대합니다. 비슷한 나이 때의 자기 자신과 비교해보면 자녀들의 지적 발달이 빠르다는 것을 느낍니다. 당연히 학교에서 최고 성적을 낼 것이라고 기대합니다. 그러나 실제로 학교에서는 중간 정도나 그 이하의 성적밖에 올리지 못하는 경우가 아주 흔합니다. 그래서 아이가 공부를 열심히 하지 않는다고 안달입니다. 학교가 잘못 가르치고 있다고 의심을 합니다.

　반대로 자기 자녀가 사실은 평범한 아이임에도 불구하고 자기가 착각한 것이 아닐까 의심합니다. 어른인 부모들이 헛갈리니, 아이들도 같이 혼란에 빠지는 것은 당연합니다. 그러나 핵심은 우리나라 아이들이 전반적으로 지능이 높아지고 있는 것입니다. 앞에서 설명한 모든 일들이 우리나라의 경우 한꺼번에 초고속으로 진행되어 왔습니다. 해방 후 불과 60년 만에 다른 선진국에서는 거의 200년에 걸쳐 일어난 발전이 일어났습니다. 그렇기 때문에 모두가 당황스러운 것입니다.

이런 아이들이 다른 나라 학교에 가면 학습경쟁력을 보입니다. 1년 정도 언어적인 장벽만 극복하고 나면, 거의 다 상위권에 오르게 됩니다. 그런데 국내에서 경쟁하면, 이런 우수한 학생들이 결코 높은 석차를 차지할 수 없습니다. 다른 아이들도 그만큼의 능력을 가지고 있을 뿐 아니라 엄청난 학습량을 감수하고 있기 때문입니다. 그러니 멀쩡한 아이들이 '나는 바보가 아닐까요?' 하는 고민에 청소년기 내내 짓눌립니다. 심지어 자살까지 합니다. 객관적으로 지능이 높은 아이들조차 그렇습니다.

모든 학생들의 지적 잠재력이 전반적으로 커져 있습니다. 그러나 부모들은 이것을 모르고 있습니다. 어느 시대, 어느 세대나 비슷한 고민을 겪었지만, 한국의 부모들은 너무 급격한 변화에 직면해 있습니다. 부모보다 자녀가 우수한 것은 축복할 만한 일입니다. 또 훨씬 많은 교육을 제공받고 있고, 기회도 많습니다. 이 우수한 아이들에게 어떤 교육을 제공해야 할까요?

역시 문제 해결의 핵심은 학교입니다. 학생들의 지적 특성이 매우 빠르게 발달하고 있습니다. 지적인 요구 수준은 급격히 높아졌지만 학교의 조직, 프로그램은 그에 맞게 발전하지 못하고 있습니다. 학교가 잘못하고 있다는 지적은 누구나 할 수 있습니다. 하지만 사실 학교가 잘못하고 있다고 하기보다는 우리나라 아이들의 지적 수준이 너무 빠르게 올라갔고, 지금도 올라가는 중인 것입니다. 결국 보다 높은 수준의 교육 요구는 사교육 시장의 비대로 이어지고 있습니다. 지적 잠재력, 지식, 정보의 매체가 빠르게 발달하는 만큼 학생들 사이의 편차도 크게 늘어나고 있습니다.

선행학습이나 조기 교육이 경쟁적으로 이뤄지고 있습니다. 관련된 프로그램들이 봇물처럼 쏟아져 나오고 있습니다. 선행학습이나 조기 교육 그 자체는 아이들에게 해로운 것이 아닙니다. 무리하게 강압적인 형태만 아니라면 부작용이 크지 않습니다. 하지만 선행학습과 조기 교육이 각 가정에서 제각기 이뤄지고 있다 보니 체계가 없습니다. 비용도 매우 큽니다. 각 가정의 경제력에 따라 혜택도 불균형합니다. 그만큼 학생들의 편차는 커지고 있습니다.

학급의 학생 수가 좀 더 줄어야 하고, 초등학교 고학년에는 과목 교사가 배치되어야 합니다. 그리고 중고등학교에는 선택 과목제가 도입되어야 합니다. 준비가 된 학생에게는 적극적으로 월반이나 조기 진급을 허용해야 하며, 조기 졸업도 필요합니다.

일률적으로 신체 나이에 따라 진도와 학급을 정하는 것은 많은 문제를 만들어냅니다. 월반, 조기 입학과 졸업 허용이 사교육을 더욱 조장할 수 있다는 주장도 있습니다. 하지만 학교 환경이 개선되지 않으면 사교육 문제는 해결되지 않을 것입니다.

영재 개념에 대한
혼란

앞에서 설명했듯이 학자들의 연구에 따르면 영재(상위 2%) 중에서 자기 지능 지수에 상응하는 학업성취도를 보이는 경우는 오히려 많지 않습니다. 미국의 통계(멀랜드 보고서)와 같이 영재들의 학업성취도가 오히려 낮은 결과에 대해 사람들의 반응은 예상과 다르지 않습니다.

"그렇다면 그 아이들이 영재라고 할 수 있겠습니까?"

조셉 렌즐리(Joseph Renzulli, 1936~)는 그래서 영재는 지능 검사로 측정된 결과에다가 높은 창의성과 높은 과제 집착력을 첨가해야 한다고 주장했습니다.

코네티컷 대학 교육심리학과 교수, 미국 국립 영재 연구센터 이사

렌즐리가 잠재력이라고 표시한 것은 지능 지수라고 이해해도 됩니다.

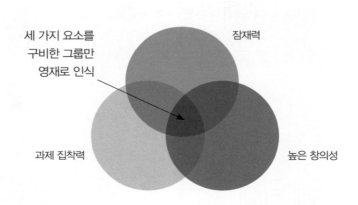

세 가지 요소를
구비한 그룹만
영재로 인식

잠재력

과제 집착력

높은 창의성

'과제 집착력'이란 주어진 과제에 자기 자신을 몰아갈 수 있는 능력입니다. 동기 유발이 얼마나 잘되어 있는지를 말하기도 합니다. 성취동기라고도 할 수 있습니다. 쉽게 말해 '이기고자 하는 의욕', '남보다 앞선 결과를 만들고 싶어 하는 욕심'이라고 해도 됩니다. 이 부문은 양육과정에서 부모나 환경, 교사의 영향을 받을 수도 있습니다. 승부욕이 어릴 때부터 남다르게 강한 아이들이 있습니다. 승부욕과 특정 과제에 대해 가지는 집중도는 성장하는 과정에서 강화되기도 하고, 약화되기도 합니다.

'창의성'은 추상적이며 평가가 객관적이지 않습니다. 창의성은 기존의 틀을 깨어 버리는 면이 있습니다. 과제 집착력과는 서로 충돌하기도 합니다.

렌즐리 모델이 의미하는 것은 지능 지수를 기준으로 하는 영재는 (영재의) 후보에 불과하다는 것입니다. 하지만 어떤 학자들은 지능 검사를 통해 나타나는 특성은 분명히 그것 자체로 의미가 있다고 봅니다. 그런 잠재력을 어떻게 개발할 것인가를 고민해야 한다는 것입니다. 이렇게 학자들 사이에서 의견이 대립하고 있습니다.

지능 검사의
목적과 한계

지능 검사는 지적 '잠재' 능력을 평가하는 것입니다. 선행학습을 시키려는 목적이든, 조기 교육을 위한 것이든 교사들 역시 학생의 잠재력을 평가하고 싶어 합니다. 엘리트 학교에서도 학생의 지적 잠재 능력에 대해 알고 싶어 합니다. 거의 모든 사람이 지능을 체계적으로 개발하기 이전에 이 사람이 지적 활동을 수행할 수 있는 잠재 능력이 큰 사람인지를 알고 싶어 합니다. 되도록 빨리 알고 싶어 합니다.

부모라면 누구든지 아이가 가진 잠재 능력을 가늠해보고 싶을 것입니다. 본인 스스로도 알고 싶을 것입니다. 그런데 지능 검사와 지능 지수에 대해 철저히 부정하는 사람이 있는 반면, 신봉하는 사람도 있습니다. 진실은 아마도 그 중간에 있을 것입니다. 분명한 것은 같은 노력을 기울여도 사람마다 성과에는 차이가 있다는 것입니다. 그리고 그 차이가 사람들이 예상하는 수준보다 훨씬 큽니다.

　지적 능력의 차이를 인정하지 않아 생기는 모순이 많습니다. 학교도, 가정도 이런 모순에 의해 고통을 당합니다.

　우선 잠재력이 작은 아이들이 힘듭니다. 아무리 노력해도 급우를 따라갈 수 없습니다. 스트레스가 매우 큽니다. 상대적으로 잠재력이 큰 아이들의 고통도 이만저만한 것이 아닙니다. 적은 노력으로도 높은 성과를 얻을 수 있다는 것은 절대적으로 유리한 조건입니다. 하지만 뭇사람의 질시와 의심의 표적이 됩니다. 평균적인 사람들과의 격차가 크면 클수록 고통도 커진다고 고도 영재를 연구하는 사람들은 말합니다.

　많은 사람들이 미처 모르는 그늘도 있습니다. 지능 지수가 그다지 높지 않은 '철수'(가명)라는 학생이 있습니다. 그렇다고 해서 아둔한 학생은 아닙니다. 초등학교와 중학교에서는 선행학습을 많이 하고, 과외 수업에 공을 들여 높은 학과 성적을 유지했습니다. 고등학교에 우수한 성적으로 진학했습니다. 이론 수준이 높아지고 폭넓은 지식이 필요한 단계에 이르면 선행학습과 과외로는 해결되지 않는 부분이 나타납니다. 중학교에서 그다지 눈에 띄지 않았던 학생들이 갑자기 무수히 나타나면서 철수의 성적을 추월하기 시작합니다. 성적이 떨어지기 시작하자,

좀 더 학습량을 늘리고 좀 더 실력이 뛰어난 과외 선생님을 찾아 학습 강도를 높이지만 성적이 나아지지 않습니다. 말로 할 수 없는 절망감이 밀려옵니다. 부모와의 갈등도 심해집니다. 잠시 쉬는 시간이 성적이 나빠진 이유이라고 공격을 당합니다.

고등학교 과정 이상이 되면 지능 지수가 예시했던 가능성이 훨씬 더 중요한 의미를 가지게 됩니다. 단순 암기나 학습량으로 해결이 안 되는 추상적인 이론들이 훨씬 많아집니다. 어린 학생들에게 "너는 지능 지수가 이것밖에 되지 않으니까, 이런 수준 이상으로 가기는 어려울 거야"라고 말하기는 너무 가혹한 일입니다. "지능 지수는 큰 의미가 없어. 누구나 노력하는 만큼 발전할 수 있어"라고 말하는 것이 보다 교육적인 태도로 보입니다.

하지만 철수의 경우처럼 자신의 잠재력에 대해 고등학교 이후에 실감한다는 것은 정말 가혹한 일이 됩니다. 선천적인 지적 잠재력이 그저 평범한 수준의 학생이라도 높은 성적을 계속 받으면 자신을 당연히 영재 수준이라고 생각합니다. 그렇게 살아오다가 고등학교 이후 자신의 지적 능력에 일정한 한계가 있다는 것을 뼈저리게 느끼게 되는 것은 정말 큰 비극이 될 수 있습니다.

철수는 오히려 초등·중학교 시절에 높은 학과 성적보다는 다른 것들에서 자신의 가치를 발견했어야 합니다. 철수는 마라톤 경기에서 초반에 오버페이스로 달리다가 점차 추월당하는 중위권 선수였던 셈입니다. 물론 중반 탈락을 하더라도 초반이지만 선두권에 나섰던 것이 훨씬 의미 있는 일이라고 생각할 수 있습니다. 하지만 그랬다면 단거리 경주에 나선다거나 순간적인 폭발력이 필요한 투포환 선수로 훈련했던 것이 더 좋지 않았을까요?

철수와는 완전히 반대의 문제도 있습니다. 지적 잠재력이 유난히 높은 '영석'(가명)이라는 학생이 있습니다. 선행학습이 장기적으로는 큰 도움이 안 된다고 생각한 부모가 오히려 초등학교 입학 이전에는 학습적인 활동을 시키지 않았습니다.

영석이는 완벽주의 경향이 심해서 자신이 또래 아이들보다 잘 못한다고 생각하는 것은 아예 시도도 하지 않으려고 합니다. 중학교까지 성적이 그다지 좋은 편은 아니었지만, 어렵다고 생각하지도 않았습니다.

고등학교에 진학하자 학교 공부가 만만치 않다고 느끼기도 하고 도전해볼 만한 문제도 나온다는 것을 느낍니다. 하지만 중학교까지 공부하는 훈련이 전혀 되어 있지 않아 기초 개념에 대한 점검이 부실해 역시 학업에서 좋은 결과를 얻지 못합니다. 뒤늦게 공부에 흥미를 느끼지만, 고등학교 과정에 필요한 최소한의 공부를 소화하기에도 시간이 너무 부족하다는 것을 느낍니다.

'선희'(가명)는 서른이 넘어서 우연한 기회에 지능 지수 평가를 보고 자신이 상위 1% 이상의 영재임을 알게 되었습니다. 고등학교 때, 담임 선생님이 자기를 보면서 "너는 그 수준에 머무를 학생이 아니다"라는 말을 몇 번 했던 이유가 무엇이었는지 서른이 넘어서야 깨닫게 되었습니다.

　선희는 고등학교 담임 선생님이 그때 지능 지수를 보여주고 자신의 지적 잠재력이 그만큼 높다는 것을 확실하게 알려주었다면 자신은 지금과는 다른 모습이 되었을 것이라고 생각하게 됩니다. 보다 높은 목표를 설정하고 좀 더 도전적인 자세로 경력을 만들어 갈 수 있었을 것이라고 서운해합니다. 특히 대학교에 대해서는 너무 쉽게 타협해 버렸다는 생각을 하고 있습니다.

　지능 검사의 목적은 학생들이 가지는 잠재 능력을 발굴하는 것에 있습니다. 잠재 능력에 비해 개발이 덜 된 학생들에게 자신의 능력을 자각하고 적극적으로 개발하기를 자극할 필요가 있습니다. 하지만 지능 지수는 학력이 높아갈수록 더 큰 의미를 가집니다.

지능 지수를 바라보는 학교의 시각

　현재 학교에서 지능 지수는 학생의 발전 가능성에 대한 참조 자료로만 활용되고 있으며, 교사들에게 지능 검사와 지능 지수의 의미와 그 한계에 대한 지침이나 교육은 충분하지 못합니다. 고도 영재에 대한 연구자들은 다른 관점을 가지고 있습니다. 고도 영재들과 평균적인 학생 사이에는 큰 차이가 있다는 것입니다. 교사들이 기대하는 것보다 훨씬 큰 차이가 있습니다.

분류	지능 지수	백분율	특징
매우 우수	140 이상	0.7%	극히 드문 경우로 지적 능력이 매우 뛰어나다.
우수	130~139	2.2%	보통 아동보다 한 단계 높은 수준의 교육을 받을 수 있다.
다소 우수	120~129	7.5%	보통 아동보다 다소 똑똑한 편이다.
보통 상	110~119	16.0%	보통 아동보다 지적 능력이 다소 나은 편이다.
보통	90~109	47.0%	일반적으로 보통 사람의 지능이다. 정상적 지적 발달을 보인다.
보통 하	80~89	16.0%	지적 발달이 다소 느린 편이다. 개선된 지적 능력을 발휘할 가능성이 충분하다.
열등	70~79	7.5%	우둔한 편으로 각별한 교육적 관심이 요구된다.
매우 열등	69 이하	3.1%	극히 드문 경우로 정신 결함 또는 정신 박약의 가능성이 있다. 전문가의 진단이 필요하다.

앞의 표는 사범대학이나 교육대학에서 지능 지수를 설명할 때 쓰는 자료입니다. 자료를 읽어 보면 작성자가 강조하는 의도가 읽혀집니다. 지능 지수가 낮다고 해서 학생을 포기하지 말아야 한다는 메시지가 읽힙니다. 학생의 가능성을 보고 특별히 잘 가르쳐야 된다는 충정이 가득합니다.

하지만 지능 지수에 따르는 학업 진도나 난이도 조절이 어느 정도여야 하는지에 대한 구체적인 지침은 없습니다. 결국 이만큼 차이가 나는 학생들을 한 교실에서 가르쳐도 문제가 없다는 주장이 바탕에 깔려 있습니다. 고도 지능 연구를 하는 학자들의 견해와는 차이가 있습니다.

전체 학생들 중 지수가 69 이하의 학생이 3% 정도가 된다고 되어 있음에도 설명 자료에서는 극히 드물다고 말하고 있습니다. 실제로 한국에서는 극히 드뭅니다. 적어도 백분율 비율은 실제 데이터가 아니라 이론적인 데이터라는 것을 의미합니다.

지수 130 이상의 학생은 보통 아동보다 한 단계 높은 수준의 교육을 받을 수 있다고 설명되어 있지만, 한 단계 높은 수준이란 것이 어느 정도인지에 대한 설명은 없습니다. 고도 영재 학자들은 2년 정도의 월반이 지적 능력에 맞는 교육이라고 추정하고 있습니다. 140이 넘는다면 3~4년의 월반이 가능한 수준이며, 그렇지 않을 경우 학업 부적응 현상이 강하게 나타납니다. 학업 진도가 인지속도와 지적 요구 수준에 비해 너무 느려도 학업 부적응이 나타나게 되는 것은 조금만 생각해봐도 당연한 일입니다.

단순 암기력만을 평가해도 큰 차이가 납니다. 지수 10포인트가 달라질 때마다 약 2배의 차이가 납니다. 같은 양의 단어를 암기하는 데 걸리는 시간이 반밖에 걸리지 않습니다. 지수 100과 130 사이에는 8배에서 10배의 차이가 생깁니다. 영구적인 기억을 만드는 데 필요한 반복 학습에서도 큰 차이가 생깁니다. 따라서 지수가 20포인트 이상 차이가 나는 학생을 한 교실에서 가르치는 것은 상당히 불합리한 일이 됩니다.

느린 아이들에게는 너무 과중한 부담이 되고, 빠른 아이들에게는 지나치게 지루한 수업이 될 가능성이 높습니다. 학교가 입시 위주의 성적 경쟁에 몰두할수록 이런 학습 능력의 차이는 수업을 점점 파행으로 몰아가는 원인이 될 수 있습니다.

비네 박사가
지능 검사를 만든 의미

사람들 사이에 지적 능력의 차이가 엄연히 존재한다는 것은 누구나 상식적으로 알고 있지만, 이런 차이를 수치로 분석해본 시도는 알프레드 비네가 최초였고, 당시로서는 혁명적인 시도 였습니다. 하지만 비네는 이런 지수가 남용되거나 그 의미에 대해 여러 가지 오해가 발생하는 것을 극히 경계했습니다. 비네의 생각은 '이 지수는 대단히 엄격하게 적용되어야 하며, 단 한 가지 목적에만 사용되어야 한다는 것'이었습니다.

그 한 가지 목적이란 다소 느린 학생들에게는 보다 친절한 특별 수업을 제공해줘야 한다는 것입니다. 즉, 특별 수업을 통해 더 큰 효과를 볼 수 있는 아동을 찾아내는 데 사용되어야 한다는 것이었습니다. 비네의 생각에 따르면 'IQ가 낮다'라는 것은 가르치는 데에 '조금 더 많은 노력이 필요하다'라는 것을 의미합니다. 결코 '배울 수 없는 아이'라는 의미는 아니었습니다.

　그래서 지능 지수 결과를 학생들에게 알려주지 않게 된 것입니다. 하지만 비네의 지수는 만들어진 순간부터 여러 가지 문제를 일으킬 수밖에 없었습니다. 사람들이 막연히 생각했던 것보다 학생들의 능력 차이가 매우 크다는 것이 밝혀졌기 때문입니다.

　더 놀라운 것은 갈수록 아이들의 지적 능력이 커지고 있다는 사실입니다. 새로운 세대의 아이들을 가르치고 그들이 가진 잠재 능력을 개발하기 위해서는 계속해서 발전된 교육 프로그램을 개발해야만 한다는 것을 의미합니다.

　그러나 새로운 프로그램과 보다 높은 수준의 교육을 일률적으로 적용할 수는 없습니다. 당연히 더 빠른 특성을 가진 학생들에게 좀 더 빠른 진도를 제공해야만 할 것입니다. 지능 지수는 각 학생들에게 제공해야 할 진도의 속도를 암시하고 있습니다.

　비네 박사는 학습 부진아에 대한 특별수업을 염두에 두었지만, 지나치게 빠른 특성을 가진 학생을 위해서도 매우 중요한 지표가 되었습니다.

| 질의응답 |

지능 검사와 지능 지수의 개념을 되도록 알기 쉽게 보여 줄 수 있는 자료를 모아서 설명을 시도했습니다. 지능 지수를 믿어야 할지, 말아야 할지 갈피를 잡지 못하고 있는 부모들이 적지 않은데, 지능 지수와 평가가 가지는 본질적인 것들, 역사적 발전 과정, 그 의미와 한계를 정리해봤습니다. 실제로 상담 과정에서 수많은 질의응답이 이뤄졌는데, 오히려 질의응답 내용이 영재 양육에는 더욱 도움이 될 것 같아 따로 정리했습니다. 일반적인 호기심 차원의 질문도 정리했습니다.

Q: 지능 지수는 정말 믿을 수 있는 것인가요?

A: 결론으로 믿을 수 있습니다. 많은 지능 검사가 개발되어 있기는 하지만, 어느 검사로 지능을 평가해도 상당히 비슷한 결과를 얻게 됩니다. 학업성취도에서도 매우 높은 상관계수가 나옵니다. 단지 지수 130 이하, 비율로 98%에서는 그렇습니다.

상위 2%(지수 130 이상)에서는 지능 지수가 학업성취도에 대해서 확실한 상관관계를 보여주지 못 합니다. 지수 평가도 대단히 기복이 심하게 나타납니다. 지능 검사의 종류에 따라서도 대단히 큰 차이가 나타납니다. 고도 지능이 되면, 아이가 가진 특성이 평균적인 아이들과 크게 차이가 나기 때문에 집단 교육 체계 내에 잘 적응하지 못하게 만드는 요소가 많습니다.

일단 상위 2% 이상, 지수로 130 이상이라는 평가를 받게 되었다면 지능 검사가 아니라 학부모 스스로가 이 책에 제시된 자료에 따라서 아이가 가진 특성을 평가해볼 필요가 있습니다. 아이의 특성에 따라 일반적인 학교 이외의 여러 가지 다른 방법을 찾아야 할 필요가 있습니다. 지수 평가의 결과가 130 이상이 아니라도 이 책에 제시된 특성들이 나타난다면 지수를 재평가해볼 필요가 있습니다. 아이와 특성이 맞는 지능 검사를 찾으면 아주 다른 지수가 평가될 수도 있습니다.

지능 지수가 아주 높은 수준이 아니라면 지능 지수는 상당히 믿을 만한 지표가 됩니다. 130에 가까우면 일단 아이의 특성이 특이하기 때문에 부모가 아이의 특성과 양육 방법에 대해서 특별한 교육을 반드시 받아야 할 필요가 있습니다. 지능 지수에 상관없이 많은 내용들은 자녀 양육에 도움이 됩니다. 가장 일반적인 내용은 《영재 공부》에 종합적으로 수록되어 있으므로 도움이 될 것입니다.

130이 넘어가면 아이에게 영재 특성이 있다는 것은 분명하지만, 상대적으로 더 높은 숫자가 더 큰 의미를 갖는다고 할 수 없습니다. 140, 150 이상은 이론적인 숫자이기 때문에 평가할 때마다 불안정하게 흔들리기도 하고, 지능 검사 종류에 따라서도 달라지기 때문에 지수 자체보다는 아이가 현재 보이고 있는 여러 특성을 세밀하게 평가해 여러 가지 보완이나 보호가 필요해집니다.

Q : 이 아이가 영재라고 하는데 왜 공부를 못 하나요?

 A : 지능 지수는 높은데 학교생활을 잘 못하거나 지능 지수가 의미하는 정도의 성적을 얻지 못하는 학생들이 많습니다. 지수 130은 전체 학생 중 상위 2%에 해당하는 지수입니다. 이론적으로는 약 50명 중 하나가 130 이상의 지능 지수로 평가되는 것으로 되어 있습니다.

 초등학교의 경우 한 학급 학생 수가 25~30명 전후가 되기 때문에 담임교사가 맡게 되는 학생 중에서 2년에 1명 정도의 학생이 지수 130(최상위 2%) 이상이 될 것으로 예상할 수 있습니다. 매년 1명은 지수 127 이상(최상위 3%)이 될 것입니다. 따라서 학급에서의 1등을 기대하게 됩니다. 그러나 지수 130 이상의 학생들 중 반 정도가 평균 이하의 성적을 보인다는 통계(멀랜드 보고서)가 있습니다. 나머지 반도 최고의 성적을 보이지 못 합니다. 영재 범위에 드는 아이들 중 약 15% 정도만이 지수에 상응하는 성적을 얻고 있습니다.

   고도 영재들의 학습 부진은 전 세계에 공통적으로 발견되는 일입니다. 그 원인은 지적 능력 평가가 잘못되었기 때문이 아닙니다. 대부분 학교생활에서 고도 영재들이 겪게 되는 다른 어려움 때문입니다. 그런 어려움의 종류를 정리하면 다음과 같습니다.

1. 예민한 감각 특성으로 인한 숨겨져 있는 스트레스
2. 완벽주의 성향
3. 몰입 특성이 자주 차단되는 환경
4. 또래 집단과는 쉽게 어울리지 못하는 경향
5. 학습적인 의욕을 만족시키지 못하는 진도

진도만 조정해도 큰 성과를 얻는 경우가 많습니다. 학자들의 연구에 따르면, 영재 자신에게는 월반이 가장 효과가 좋습니다. 하지만 월반은 학교와 교사에게 부담되는 경우가 많습니다. 학교 체계가 경직되어 있을수록 그런 진도 재조정은 대단히 어렵습니다. 진도 재조정이 되면 많은 고도 영재들이 자신감과 학업에 대한 몰입을 통해 다른 약점들을 극복해 나갈 수 있습니다.

Q: 정말 '초고도 영재'가 존재하나요?

A: 물론 존재합니다. 영재의 정의 자체가 그렇듯, 고도 영재나 초고도 영재는 상대적인 개념이기 때문입니다. 하지만 초고도 영재는 영재 중에서 가장 우수한 영재라는 식으로 이해하는 것은 문제가 있습니다. 영재의 특질은 자동적으로 무엇을 하든지 쉽게 배우고 높은 수준의 결과를 얻는 선천적 능력이 아닙니다. 영재의 특질은 매우 까다롭고 통제가 어려운 부분을 가지고 있습니다.

고도 영재는 여러 가지 좋은 환경 속에서 자신의 잠재력을 개발하고 활용하면서 이상적인 자극을 받는다면 사람들이 놀랄 만한 능력을 가지게 될 수 있습니다. 하지만 일반인들이 생각하는 것과 달리 교육학자, 심리학자, 교사들도 그런 고도 영재를 쉽게 판별하지 못합니다. 한두 시간의 지능 검사로 간단하게 증명되기는 어려운 일입니다.

주변에 가끔 나타나는 아주 뛰어난 집중력을 가지거나 다소 이해하기 힘든 특성을 가진 아이들 중에 이런 아이가 섞여 있을 수도 있고, 겉으로는 전혀 드러나지 않은 상태에서 자신도 모르면서 성장하고 있을지도 모릅니다. 때로 그런 특성이 뒤늦게라도 발현되기 시작해 업적을 만드는 인재가 될 수도 있고, 그저 그런 수준으로 특별한 능력을 사장할지도 모릅니다.

Q: 지능 지수는 어디까지 가능할까요?

A: 지능 지수가 이론적으로 만든 숫자이기 때문에 실제로는 130 이상이 되면 큰 의미가 없음에도 불구하고, 많은 이들이 호기심을 갖는 주제입니다.

지수가 정규분포곡선을 바탕으로 만들어졌으므로 순수하게 이론적인 숫자는 얼마든지 생각해볼 수 있을 것입니다. 표준 편차의 6배를 넘는 확률은 0.0000002% 정도이므로, 5억분의 1이 됩니다. 표준 편차 15를 쓰면 지능 지수 190이 될 것이고, 그 의미는 5억 명 중에서 가장 높은 지수가 될 것입니다.

6시그마 운동이라고 해서 제품 불량률을 그 정도로 낮추겠다는 생산성 품질 개선 운동이 유행했는데, 그 의미와 같습니다. 여기서 시그마란 표준 편차를 뜻하는 그리스 문자(σ)를 뜻합니다. 표준 편차 6배 정도로 평균보다 떨어진 곳에 수치가 있다는 뜻이 됩니다. 다시 7시그마가 되면 지수는 205가 될 것이며, 그 확률은 0.00000000025%가 되는데 3,900억 중 하나가 됩니다. 현재 지구상에 태어났던 모든 사람을 합해도 넉넉히 잡아 200억이 되지 않을 것으로 추산되는 만큼 세상에서 가장 머리 좋은 사람의 지능 지수는 이론적으로 200 정도면 충분하다는 이야기가 됩니다.

자기 머리가 지능 지수 400이라고 떠드는 사람도 있는데, 이 사람은 지능 지수의 개념을 잘 모르는 사람임에 틀림없습니다. 그런 지수는 존재하지 않습니다. 세상에서 가장 좋은 머리를 가졌다고 하더라도 이론적 지수는 205면 충분합니다. 당연히 그런 것을 측정하는 기관이나 학자도 존재하지 않습니다.

Q: 가장 지능 지수가 높은 사람은 누구일까요?

A: 가끔 매스컴에 오르내리는 고도 지능 지수는 그저 추정에

불과합니다. 재미있는 이야깃거리가 될 수는 있지만 과학적인 이야기는 못 됩니다. 과학적인 성과로 본다면 뉴턴, 아인슈타인, 파인만Feynman, 페렐만Perelman 같은 이들이 거론됩니다. 음악이나 예술 분야에서의 천재성은 또 다른 이야기가 될 것입니다. 다빈치는 과학뿐 아니라 미술과 음악 분야에서도 천재성을 보여주었으므로 아마도 자신의 재능을 가장 잘 발달시킨 사람이라고 할 것입니다.

대체로 지능 지수는 지적 잠재 능력을 평가하는 것이고 130 이상이면 부족하지 않고 충분한 수준이 됩니다. 그런 사람은 전체 인구의 2% 정도 되며, 이런 사람들이 충분한 집중력을 가지고 자기 분야에서 열중할 수 있도록 해준다면 얼마든지 큰 업적이 가능할 것입니다.

지능 지수 개념이 만들어진 것은 100년 전이고 전 세계적으로 확산되어 자료가 축적되기 시작한 것은 1960~1970년대이므로, 20세기 초에 활동했던 인물들은 지능 검사를 받지 않았을 것이 당연합니다.

지필 검사로 간단히 집단 검사를 실시하는 경우에는 대체로 지수 150 정도까지만 평가됩니다. 150 이상으로 추정되는 경우, 심층 면접을 1대 1로 실시해 고도 지능을 가진 사람 사이의 상대적인 비교하고 지수를 결정합니다. 웩슬러 검사에서는 모든 소검사에서 최고 환산점수로 평가되었을 경우, 지수 162까지 평가됩니다. 어린아이의 경우라면 인지 속도와 기억력, 추론 능력을 실제 나이와 비교해 빠른 발전을 보이는 것을 보면 상당히 높은 평가를 내릴 수도 있는데, 나이가 어릴수록 장시간 평가하는 것에 어려움을 겪습니다.

Q: 영재원에서 검사를 다시 해봤는데 지능 지수가 떨어졌습니다. 어느 것이 더 정확한 검사 결과라고 해야 할까요?

A: 지능 검사도 역시 시험이기 때문에 반복해서 실시하면 평가의 신뢰성이 떨어집니다. 지능 검사는 지식을 검사하는 것이 아니기 때문에 반복해서 검사한다고 해서 더 높은 점수를 얻지는 않습니다. 대체로 몇 개월 뒤에 검사하면 거의 같은 결과를 얻게 되어 있습니다.

검사 평가가 하락되었다는 것이 '머리가 나빠졌다'라는 뜻은 아닙니다. 여러 번 평가했을 때는 더 높은 평가를 중시합니다. 흔히 높이뛰기에 비유합니다. 최고 기록을 보유한 높이뛰기 선수라도 할 때마다 자기 최고 기록 정도가 나오는 것은 아닙니다. 하지만 자기 최고 기록이란 것은 그 선수의 도약력이 이상적인 조건이라면 그곳에 도달할 수 있다는 것을 증명합니다. 잠재력은 가지고 있다고 보는 것이 맞습니다. 검사할 때 검사자와 호흡이 잘 맞지 않거나 좋은 컨디션이 아니기 때문에 그런 결과가 나타나기도 합니다.

　지능 발달은 나이에 따라 상대평가이기 때문에 선행학습을 통해 일시적으로 높은 평가를 끌어낼 수도 있습니다. 하지만 대체로 나이가 들면서 자기 지수 평가에 근접하게 됩니다. 그렇다고 해서 나중에 받은 지수가 더 신뢰성이 높다고 단정할 수 없습니다.

　결국 지능 검사는 지적 잠재 능력을 평가해본 것이기 때문에 이런 검사를 반복해서 해볼 필요는 없습니다. 잠재력에 대한 평가는 한 번이면 족하고, 그 이후로는 여러 가지 지적 능력의 개발 정도를 평가하는 것이 맞습니다.

　지능 검사와 아이의 특성이 잘 맞지 않는 경우가 있을 수 있습니다. 언어적인 소통에서 약점이 있다거나 그림이 의미하는 것에 대해 이해가 빠르지 못한 약점이 있는 경우도 있습니다. 아이의 지적 특성에 비해 지수가 너무 낮게 평가된다면 아이에게 맞는 지능 검사를 찾아야 제대로 평가될 수 있습니다. 일단 130 이상의 영재로 한 번이라도 평가받았다면, 그 이후에는 대체로 수리 논리 능력의 발달 정도를 주기적으로 평가하는 것이 더 타당합니다. 어휘력과 표현력도 잠재력이 있는 만큼 잘 발달하는지 점검이 필요합니다.

Q: 웩슬러 검사를 받았는데, 언어성 지수와 동작성 지수 사이에 큰 차이가 있답니다. 발달상의 문제라고 볼 수 있다고 합니다. 놀이치료 같은 것이 필요한가요?

A: 동작성 검사는 대체로 인지 조직 능력과 정보 처리 능력에 대한 평가라고 보면 됩니다. 지수가 130이 넘어가는 경우에는 편차가 크게 나타나는 경우가 오히려 더 많습니다. 130 이하의 평가에서는 두 가지 검사 차이가 크지 않고, 큰 차이가 나면 발달 장애 요소를 점검해야 할 경우가 실제로 많습니다. 하지만 고지능인 경우에는 높은 지수일수록 기복이 크기 때문에 그렇게 해석하는 것은 곤란합니다.

10~20포인트 차이는 아주 흔하고, 더 큰 차이가 나타날 수도 있습니다. 그것은 고지능일수록 한두 문제 차이로 지수가 크게 달리 평가될 수 있기 때문입니다. 종합 평가로 130이 넘는 경우, 한쪽이 낮아도 다른 쪽의 지수는 평균적인 지수보다 아주 높은 수준인 경우(지수 120 정도, 상위 10% 정도)가 대부분입니다. 한쪽 발달이 문제가 생겼다고 하기보다는 다른 쪽이 아주 빠르게 발달했기 때문입니다. 대체로 성장하면서 다른 부분도 빠르게 발달할 가능성이 높습니다.

또 고도 지능인 경우 편벽이 심한 경우가 많습니다. 자기가 잘하는 것에 치중하고 상대적으로 약한 부분은 잘 노출하지 않으려고 하거나 지나치게 싫어하는 경향이 있습니다. 하지만 기회를 주고 그 부분도 잘할 수 있다는 암시를 주면, 언젠가 그 부분도 잘 개발할 수 있습니다.

단지 낮은 쪽이 100 이하가 된다거나 심지어 85 이하가 된다면, 일부 감각 기능에 이상이 있다거나 여러 가지 신경 생리적인 장애나 질병을 의심할 수도 있습니다. 하지만 그런 경우라면 지능 검사 이전에라도 부모가 인지하고 있을 가능성이 높습니다. 오히려 검사 과정에서 아이가 검사를 거부한다든가, 의도적으로 검사에 협조하지 않았을 가능성이 높습니다.

자신의 지적 능력을 평가하는 것에 대해 많은 영재들이 심리적으로 불편하게 느낍니다. 자아의식이 강한 것과도 관련이 있습니다. 본인이 동의하지 않은 지능 평가에 대해서 특히 그런 경향이 나타납니다. 고도 지능 검사에 익숙한 검사자는 최대한 놀이와 대화처럼 연출해 피검자가 즐거운 경험을 하도록 유도합니다. 실제로 그런 능력을 갖춘 검사자는 많지 않습니다. 엄격한 입학사정관 같은 분위기는 고도 지능을 평가하는 데 적합하지 않습니다.

현대적인 지능 평가 기법에서는 반드시 검사의 결과를 부모들과의 면담을 통해 그 의미를 점검해야 한다고 되어 있습니다. 평가자의 단기적인 평가는 아이의 단면을 다른 아이들과 비교할 수 있는 반면, 장기간 아이와 같이 생활해온 부모의 관찰 결과가 같이 반영되어야만 의미 있는 분석이 이뤄집니다. 부모들도 자신들이 관찰한 내용을 적극적으로 평가자에게 알려줘야 합니다.

많은 경우 언어성과 동작성의 평가 지수 차이가 크다고 해서 놀이치료가 반드시 필요한 것은 아닙니다. 놀이치료의 경우 영재의 특성을 잘 이해하는 선생님이라면 실제로 정서적 안정과 인성 개발에 도움을 줄 수 있습니다.

Q: 왜 영재원에서는 다른 곳에서 받은 검사 결과를 믿지 않고 다시 받으라고 하나요?

A: 실제로 영재원이나 정신과병원의 검사나 큰 차이가 나지 않습니다. 실제 같은 검사를 하면서도 다른 기관의 검사 결과를 믿지 않는 것은 모순입니다. 다른 검사를 해도 대부분 비슷한 결과가 나옵니다.

앞에서 설명드린 것처럼 아이가 검사자나 검사 방식에 대해 잘 맞지 않는 경우에는 제대로 된 평가가 나오지 않을 수 있으므로, 다른 방식의 검사라면 한번 평가해보고 더 높은 지수를 신뢰해도 됩니다.

지능 평가가 상당 부분 주관적이고 일관성이 없다고 생각하고 있는 사람도 많습니다. 그렇다면 지능 검사를 잘못 생각하는 것입니다.

부모들의 인식과 확신이 중요합니다. 숫자로 나타난 지능 지수는 하나의 지표에 불과합니다. 그 안에 담긴 의미와 믿음은 지능 검사를 통해 확신할 수 있는 것이 아닙니다. 검사지의 평가는 하나의 참고 자료로만 봐야 합니다. 더 중요한 것은 아이가 가진 잠재력과 특성, 부모의 믿음과 긍정적인 시각입니다.

Q: 지능 검사는 언제 실시하는 것이 적당할까요?

A: 언제 지능 검사를 실시하는 것이 보다 정확할지에 대해서 학자들의 의견이 갈립니다. 지능평가를 보다 조기에 실시해야 한다는 쪽과 보다 성장이 진행되었을 때 실시해야 한다는 주장이 대립하고 있습니다. 한쪽에서는 아이가 너무 어리면 선행으로 쉽게 지적 능력을 개발할 수 있다고 봅니다. 이때 평가하는 것은 무의미하다는 주장입니다. 좀 더 나이가 들어 14살 전후에 평가하는 것이 보다 정확하다는 것입니다. 다른 쪽에서는 오히려 나이가 많이 들수록 환경과 교육 프로그램의 영향을 많이 받기 때문에 선천적인 잠재 능력보다는 환경과 양육방식이 주는 영향이 더 크다고 봅니다. 그래서 어린 나이에 평가해야 더 정확한 잠재 능력을 평가할 수 있다고 합니다.

이런 논란이 있음에도 불구하고, 대다수 학생들의 지능 지수는 상당히 안정되게 평가됩니다. 사람들이 생각하는 것처럼 학습으로 인한 고평가는 그다지 많지 않습니다. 대부분 선행학습을 요란하게 시켜도 5~10포인트 정도를 끌어 올리는 정도에 그치며, 나이가 들면 그렇게 인위적으로 끌어 올린 지능 지수는 오히려 낮아집니다. 반면 선행학습을 전혀 시키지 않은 아이도 스스로 주변으로부터 지적인 자극에 민감해지면서 높은 지능 지수로 평가됩니다. 따라서 나이에 따른 발달 속도가 그대로 유지되는 경향이 나타납니다.

수년간 간격을 두고 지능 지수를 평가해도 3~5포인트 내외의 오차만 생깁니다. 단지 130이 넘는 경우는 숫자가 큰 만큼 편차가 더 큽니다. 그렇다면 검사의 시기는 크게 중요하지 않다고 볼 수 있습니다. 아이가 가장 좋은 컨디션일 때, 본인 스스로 검사에 대해 거부감이 없고 원할 때 평가하는 것이 가장 좋습니다.

만 5살 이전의 검사도 개발되어 있으며, 베일리 유아 발달검사는 생후 15일 정도의 영아 발달 수준도 평가할 수 있습니다. 일반적으로 영유아의 지능검사를 서두를 필요는 없습니다. 단지 발달 장애의 의심이 드는 경우에는 베일리 유아 발달검사를 통해 조기 진단해서 인지 발달을 적극적으로 도와줄 필요가 있고, 그와 반대로 아이의 발달이 매우 빠른 경우에는 만 5세 이전에 지능을 평가해서 125 이상인 경우에는 조기 입학을 적극적으로 추진할 필요가 있습니다. 샐리 양키 Sally Yahnke Walker 박사가 제시한 부모의 자기 자녀 영재성 평가(189쪽)를 통해 영재 가능성이 크다면 서둘러 객관적 평가를 시행하기를 권합니다.

Part 04

우리 아이가
정말 영재일까요?

영재라는 것을
보여주는 특성들

　태아 시절부터 성장을 관찰하는 부모야말로 아이가 가진 영재성을 가장 먼저 발견할 수 있는 위치에 있습니다. 어떤 의미에서는 가장 정확한 관찰입니다. 부모는 다른 아이들의 성장과정을 비교해볼 수 있는 객관적인 자료를 가지고 있지 않기 때문에 확신을 가지기 어려울 뿐입니다. 특별한 특성을 가졌는지를 가늠해볼 수 있는 요소들을 정리해봤습니다.

　다음의 특징들 모두가 나타나는 경우도 있지만, 일부만 나타나는 경우도 있습니다. 고도 지능과 장애를 같이 가지고 있는 경우도 있습니다. 장애가 있더라도 다음의 특징들이 발견된다면 그 아이는 매우 강한 지적 잠재력을 가지고 있다고 보는 것이 맞습니다. 특징들 중 반 정도라도 나타난다면 영재성을 확신해도 됩니다. 그 정도가 강하다면 지적 특성도 그만큼 강하게 가지고 있다고 판단해야 합니다.

1. 눈 뜨기와 귀 열리기가 무척 빠릅니다.

일주일 전후에 눈과 귀가 열리면 빠른 편에 속합니다. 하지만 요새 아이들은 태어나면서부터 눈을 반짝 뜨고 나와 두리번거리기까지 합니다. 아이의 눈은 처음에는 각막이 탁한 상태에서 점차 맑아지며 시력이 급속히 발달합니다. 눈의 움직임이 나타나는 것이 일주일 이내면 빠르다고 볼 수 있습니다.

2. 말의 시작이 빠릅니다.

어떤 아이들은 입이 열리는 것이 오히려 느립니다. 그러나 입이 열리자 봇물같이 많은 말을 쏟아내고, 처음부터 유아 언어가 아닌 구성을 갖춘 문장을 말하려고 시도합니다. 청각과 인지 능력이 발달해서 유아 언어로 말하기를 피하다가 어느 정도 자신이 생기기 시작하면서 말을 합니다. 어떤 아이는 말하기 연습을 사람들이 안 보일 때 하다가 어느 정도 완성된 모습을 보여 줄 수 있을 시기에 표현합니다. 돌 이전에 명확한 소리로 단어를 이야기하기 시작하면 빠른 편입니다. 100일 전후에도 말을 시작하는 아이들이 점점 늘어나고 있습니다. 말을 시작하는 시기보다 더 중요한 것은 어휘가 늘어나는 속도입니다.

3. 문자나 숫자 해득이 빠릅니다.

만 4살 이전에 문자 해득이 된다면 아주 빠른 편입니다. 실제로 4살 이전에 문자 해득하는 아이들이 요즘 아주 많습니다. 학습지 등이 많이 생겨나면서 더욱 많아지고 있습니다. 학습지의 도움을 받았더라도 4살 이전에 문자를 읽기 시작하면 빠른 것입니다.

4. 서지도 못하면서 걸으려 하고, 제대로 걷지도 못하면서 뛰려고 합니다.

첫돌 이전에 하고, 걷기 시작했다면 빠른 것입니다. 서기에 성공하는 것도 중요하지만 배밀이를 한다든지, 적극적으로 몸을 움직이려는 모습을 생후 6개월 이전에 보였다면 빠른 것입니다.

5. 촉각이 예민합니다.

예민해서 많이 울고 보챕니다. 거친 재질의 옷이나 등 뒤에 달린 라벨을 못 견뎌 합니다. 의사소통이 시작되면서부터 초등학교 입학 전에 목 뒤 라벨을 느끼고 떼어 줘야만 하는 아이는 전체 아동 중 10% 미만입니다. 갈수록 많아지는 추세입니다. 촉각이 매우 예민하게 발달되어 있다는 것을 말해줍니다.

6. 청각이 발달합니다.

조금 큰 소리에도 놀라거나 자지러집니다. 소머즈 귀처럼 작은 소리도 알아듣고 주변 소음에 괴로움을 호소합니다. 멀리서도 말을 알아듣는 경우에는 거리를 두고 평가해보면 다른 사람보다 청력이 얼마나 발달되어 있는지 비교해볼 수 있습니다.

7. 후각과 미각에 민감합니다.

냄새나 맛에도 예민해서 까다롭고 조금 풍미가 약해진 음식에 대해 민감하게 반응합니다. 편식이 심하게 나타날 수 있고, 새로운 맛, 새로운 음식에 대해 거부가 심합니다. 매운 것, 신 것, 단 것에 대한 반응을 비교해볼 수 있습니다.

8. 시각이 발달합니다.

빛에도 민감하고, 약간의 색 차이도 구분할 수 있습니다. 어두운 곳에서 사물을 구분하기도 합니다.

9. 뛰어난 기억력을 보여 줍니다.

한번 얼핏 본 문자, 소리, 멜로디, 이름을 기억하며 꽤 오래된 일도 선명하게 기억합니다.

10. 호기심이 강하고, 남들이 보지 못하는 세밀한 곳을 관찰합니다.

11. 때로 어른들이 쓰는 말이나 논리를 구사합니다.

12. 생각이 많고 말이 많고, 질문을 받아주면 끝없이 이어집니다.

때로 전혀 엉뚱한 생각이나 질문을 던져서 사람들을 당혹하게 만들기도 합니다.

13. 사물의 연관에 대해 관심이 많고, 실제로 숨겨진 규칙을 찾으려고 합니다. 그리고 실제로 찾아내는 것에 성공하기도 합니다.

14. 특정한 사물, 신호, 상징물에 집착하며 관련된 정보나 물건을 수집하고 적극적으로 찾아 나섭니다. 또는 부모에게 요구합니다.

15. 승부욕이 많으며 지는 것이나 자신의 생각만큼 나오지 않은 결과에 대해 화를 내고, 속상해합니다.

지능 검사보다 중요한
자가 영재 판별법

   지능 검사보다 부모들 스스로가 해볼 수 있는 자가 점검법이 훨씬 중요합니다. 샐리 양키 워커 Sally Yahnke Walker 박사가 제시한 평가 항목 30 가지가 공개되어 있습니다.

   전문가라고 해도 외부의 평가 선생님은 아이의 생활 전반을 볼 수 없고, 영재나 고도 영재를 평가해보는 기회가 생각보다 많지 않습니다.

   한편 부모는 다른 아이들과 비교해볼 수 있는 기회가 많지 않습니다. 하지만 부모가 조금만 객관성을 가지고 평가해보려는 노력을 기울인다면 오히려 자가 평가가 훨씬 더 고도 영재성을 정확히 판별할 수 있습니다.

샐리 양키 워커 박사의 영재성 평가 항목

1. 보통 아이들보다 일찍 보고 들었는가?

확실히 그렇다 (3)　그런 편이다 (2)　잘 모르겠다 (1)　별로 그렇지 않았다 (0)

신생아의 시력은 20~30센티미터 거리에 있는 물체를 볼 수 있는 정도입니다. 색깔을 보는 능력은 4~6개월 사이에 발달됩니다. 생후 2개월 무렵까지 천천히 움직이는 물체를 180도까지 따라보며, 사람 얼굴을 선호합니다. 태어나자마자 눈을 돌리며 보는 아이도 있습니다. 하지만 1주일까지는 눈이 차차 맑아지면서 2주 이후에야 시선의 움직임이 나타납니다. 듣는 것도 대체로 2주 이내에 문 여닫는 소리에 놀라는 듯 반응을 보였다면 빠른 것입니다.

2. 활동성이 강한가?

확실히 그렇다 (3)　그런 편이다 (2)　잘 모르겠다 (1)　별로 그렇지 않았다 (0)

10년 전까지도 아이가 서서 걷기 시작하는 것을 생후 1년 무렵으로 인식했습니다. 하지만 지금은 점점 아이들의 발육이 빨라져서 6개월 이전에도 서서 움직이려는 아이들이 많습니다. 주의해서 봐야 할 것은 근육 발달보다 움직이려는 의지가 앞서서 애를 써서 기려고 하거나 일어서려고 하거나 보행기를 끌고 다니며 부딪히려 했는지가 중요합니다. '어린아이 몸에 갇힌 어른'인 듯, 자신의 한계를 뛰어넘고자 하는 태도를 가진 아이들이 있습니다. 결과적으로는 부산스럽고 유난스럽고 시끄럽고 사고를 치는 아이입니다. 다치기도 잘하고, 남들이 하지 않는 짓을 시도하려다가 말썽을 일으키곤 합니다.

3. 게임이나 독서에서 어른이나 자기 또래보다 나이 많은 아이들에게 어울리는 것에 흥미를 보이는가?

확실히 그렇다 (3)　그런 편이다 (2)　잘 모르겠다 (1)　별로 그렇지 않았다 (0)

4. 한 번 시작한 과제에 집착하는가?

확실히 그렇다 (3)　　그런 편이다 (2)　　잘 모르겠다 (1)　　별로 그렇지 않았다 (0)

10살 이하의 아이들에게서는 어떤 놀이라도 20~30분 이상 재미를 느끼기가 쉽지 않습니다. 10살 이하에서 1시간 이상 특정한 놀이나 과제에 집중하는 모습이 보인다면 확실한 특성으로 볼 수 있습니다. 4~5시간 이상 하루종일 혹은 몇 날 며칠을 매달리는 아이도 있습니다. 하지만 30분 이상에서 1시간 정도라면 그런 편으로 평가하고, 1시간이 넘어가는 경우가 있었다면 확실하다고 평가해주세요.

5. 남들보다 좀 더 자세히 관찰하려는 자세가 있는가?

확실히 그렇다 (3)　　그런 편이다 (2)　　잘 모르겠다 (1)　　별로 그렇지 않았다 (0)

미술관, 박물관에서 다른 사람은 충분히 구경했다며 지나가도 자기는 좀 더 자세히 보려고 한다던가, 망가진 시계를 분해해보려 한다던가, 남의 집에 가서도 무언가를 열어 보고 작동해보려고 하는 모습을 보입니다.

6. 비상한 기억력이 있는가?

확실히 그렇다 (3)　　그런 편이다 (2)　　잘 모르겠다 (1)　　별로 그렇지 않았다 (0)

7. 같은 문제를 여러 가지 방법으로 풀어 보려고 하는가?

확실히 그렇다 (3)　　그런 편이다 (2)　　잘 모르겠다 (1)　　별로 그렇지 않았다 (0)

이제 답을 알게 되었음에도 다른 답이 있는지, 다르게 해결하는 방법이 있는지를 생각해보는 모습이 있습니다.

8. 남들이 지나쳐 버리는 문제를 지적하거나 걱정하는가?

확실히 그렇다 (3)　　그런 편이다 (2)　　잘 모르겠다 (1)　　별로 그렇지 않았다 (0)

세계 식량 위기, 환경 위협, 인구 문제, 전쟁 등에 대해 걱정을 합니다. 죽음,

윤회, 우주의 생성 등 지나치게 큰 문제에 대해 고민하는 모습을 보입니다.

9. 문제를 해결하는 데 보통의 방법이 아닌 것을 사용하려 하는가?

확실히 그렇다 (3)　　그런 편이다 (2)　　잘 모르겠다 (1)　　별로 그렇지 않았다 (0)

엉뚱한 발상이나 반대로 생각해보려는 행동을 보입니다.

10. 왜 그런지, 어떻게 그렇게 되는지 알고 싶어 하는가?

확실히 그렇다 (3)　　그런 편이다 (2)　　잘 모르겠다 (1)　　별로 그렇지 않았다 (0)

'왜', '어떻게' 같은 질문이 많고 매우 집요하기도 합니다. 대답이 만족스럽지 않으면 스스로 찾아보려고 합니다.

11. 안 그런 척하거나 그런 척하는 행동을 하는가? 매우 뚜렷한 상상 속의 인물이나 사건을 말하는가?

확실히 그렇다 (3)　　그런 편이다 (2)　　잘 모르겠다 (1)　　별로 그렇지 않았다 (0)

12. 유머 감각이 유별난가?

확실히 그렇다 (3)　　그런 편이다 (2)　　잘 모르겠다 (1)　　별로 그렇지 않았다 (0)

13. 여러 가지 것에 대해 질문을 많이 하는가?

확실히 그렇다 (3)　　그런 편이다 (2)　　잘 모르겠다 (1)　　별로 그렇지 않았다 (0)

14. 불필요할 정도로 자세한 것에 대해 걱정하는가?

확실히 그렇다 (3)　　그런 편이다 (2)　　잘 모르겠다 (1)　　별로 그렇지 않았다 (0)

15. 예민하고 유별난 동정심을 보이는가? 소음이나 통증, 슬픔에 대해 과도한 반응을 보이는가?

확실히 그렇다 (3)　　그런 편이다 (2)　　잘 모르겠다 (1)　　별로 그렇지 않았다 (0)

16. 어떤 활동을 계획하거나 조직하는 일을 좋아하는가?

확실히 그렇다 (3)　　그런 편이다 (2)　　잘 모르겠다 (1)　　별로 그렇지 않았다 (0)

17. 다소 복잡한 게임을 할 때, 평균 이상의 조정 능력을 보이는가?

확실히 그렇다 (3)　　그런 편이다 (2)　　잘 모르겠다 (1)　　별로 그렇지 않았다 (0)

18. 성장 발육 단계에서 몇 단계 빠른 발달을 보였는가?

확실히 그렇다 (3)　　그런 편이다 (2)　　잘 모르겠다 (1)　　별로 그렇지 않았다 (0)

19. 친구들과 즐겁게 지내는 것을 좋아하는가?

확실히 그렇다 (3)　　그런 편이다 (2)　　잘 모르겠다 (1)　　별로 그렇지 않았다 (0)

20. 이야기 만드는 것을 좋아하고, 독특한 아이디어를 내는가?

확실히 그렇다 (3)　　그런 편이다 (2)　　잘 모르겠다 (1)　　별로 그렇지 않았다 (0)

21. 관심 영역이 다양한가?

확실히 그렇다 (3)　　그런 편이다 (2)　　잘 모르겠다 (1)　　별로 그렇지 않았다 (0)

22. 다른 아이들에게 자기가 원하는 것을 시키는가?

확실히 그렇다 (3)　　그런 편이다 (2)　　잘 모르겠다 (1)　　별로 그렇지 않았다 (0)

23. 고도로 발달된 언어 능력을 보여주는가?

확실히 그렇다 (3)　　그런 편이다 (2)　　잘 모르겠다 (1)　　별로 그렇지 않았다 (0)

24. 같은 취미나 관심을 가진 사람을 찾아내고 같이 어울리고자 하는가?

확실히 그렇다 (3)　　그런 편이다 (2)　　잘 모르겠다 (1)　　별로 그렇지 않았다 (0)

25. 다른 사람과 같이 작업할 줄 알고, 좋아하는가?

확실히 그렇다 (3)　　그런 편이다 (2)　　잘 모르겠다 (1)　　별로 그렇지 않았다 (0)

26. 자기 자신에게 대해 매우 높은 기대치를 설정하는가?

확실히 그렇다 (3)　　그런 편이다 (2)　　잘 모르겠다 (1)　　별로 그렇지 않았다 (0)

27. 간단한 문제를 지나치고 어려운 문제를 선택하려는가?

확실히 그렇다 (3)　　그런 편이다 (2)　　잘 모르겠다 (1)　　별로 그렇지 않았다 (0)

28. 책에 집착하는가?

확실히 그렇다 (3)　　그런 편이다 (2)　　잘 모르겠다 (1)　　별로 그렇지 않았다 (0)

29. 많은 일을 벌이고 그 모든 일에 열정을 보이는가?

확실히 그렇다 (3)　　그런 편이다 (2)　　잘 모르겠다 (1)　　별로 그렇지 않았다 (0)

30. 자신의 아이디어를 여러 사람에게 보여주는 것을 좋아하는가?

확실히 그렇다 (3)　　그런 편이다 (2)　　잘 모르겠다 (1)　　별로 그렇지 않았다 (0)

모든 항목을 평가·합산해 총점 90점 중 65점 이상이 되면 영재성이 확실히 있다고 봐야 하며, 80점 이상이 되면 고도 영재라고 봐야 합니다.

좌뇌형 영재와
우뇌형 영재

영재아 판정은 일반적으로, 다음과 같은 과정을 통해 이뤄집니다.

- 교사 지명
- 단체 평가
- 동기생 평가
- 학부모 추천
- 전문가 추천
- 대회 우승
- 복합 평가

대부분 교사 지명과 단체 평가가 압도적으로 많습니다. 그런데 영재 전문 학자들이 영재라고 평가하는 아이들 중 50% 정도의 대상자를 그 두 가지로는 영재라고 판별하지 못하고 있습니다. 교사와 테스트는 좌뇌적 요소에 대해 비중을 많이 두는 경향이 강합니다.

뇌는 왼쪽, 오른쪽이 완전히 분리되지 않은 상태이며 끊임없이 서로 영향을 미치기 때문에 딱 잘라 나누는 것이 불가능합니다. 따라서 좌뇌·우뇌 이론은 많은 논란이 있습니다. 신뢰하지 않는 학자도 많습니다. 하지만 좌뇌적 경향과 우뇌적 경향의 차이는 실제로 있습니다. 좌뇌적 지성을 가진 사람과 우뇌적 지성을 가진 사람은 서로 상대에 대해 완전히 다른 시각을 가집니다.

부부가 서로 다른 경향을 가졌을 경우와 부모와 자녀가 서로 상반된 경향을 가졌을 경우, 자녀에 대한 평가가 엇갈립니다.

좌뇌·우뇌의 대비적 성격은 다음과 같습니다.

좌뇌	우뇌
언어적 설명 선호	도형 설명 선호
언어	이미지
순차적 정보 처리	동시다발적 정보 처리
논리적	직관적
구체적 과제 집중	추상적 사고 집중
분석적 접근 선호	종합적 분석과 합성을 선호
준비성 철저	임기응변적 대응 선호
구조화된 경험 선호	개방적이고 유동적인 경험 선호
사실과 세부 내역 철저	전체 개괄적인 내용 중시
문제에 대한 진지한 접근	문제를 놀이처럼 접근

앞의 설명처럼 좌뇌·우뇌적 특징은 두 가지 다 영재성의 뚜렷한 특성이지만 극단적으로 대별됩니다. 좌뇌적 성향을 가진 사람이 우뇌적 성향을 가진 사람을 바라보는 시각은 다음과 같습니다.

- 매사가 흐리터분하고 진지하지 못하고, 제멋대로다.
- 뭐든지 대충 보고 실수투성이다.
- 어떤 일이든지 끝마무리를 제대로 못한다.
- 정직하지 못하고, 그때그때 자기변명에 능하다.
- 잘난 체하지만 제대로 하는 일이 없다.
- 조금만 조심하면 막을 수 있는 사고를 막지 못한다.
- 일단 일을 저지르고 본다.

반대로 우뇌적 성향을 가진 사람이 좌뇌적 성향을 가진 사람에 대해 가지는 느낌은 다음과 같습니다.

- 큰 그림을 보지 못하고 작은 부분에 매달린다.
- 자기만 제일이라고 생각하고, 자기 생각만 알 뿐이다.
- 다른 사람에 대한 배려나 이해는 전혀 없다.
- 하는 일이 답답하고 진도가 느리고 남 탓만 하고 있다.
- 돌발 사항이 생기면 의연하지 못하고 허둥거린다.
- 완벽주의 경향 때문에 일을 망친다.

하지만 우뇌적 영재와 좌뇌적 영재는 둘 다 사회가 필요로 하는 능력을 가지고 있으며, 대체로 우뇌적이든 좌뇌적이든 한쪽이 강한 사람은 다른 쪽에 대해서도 일반인보다는 강한 특성을 가집니다. 문제는 좌뇌적 성향을 가진 사람이나 우뇌적 성향을 가진 사람은 상대편을 진짜 영재는 아니라고 생각하는 경향이 있다는 점입니다.

좌뇌적 아버지와 우뇌적 아들을 생각하면 그 갈등은 심각할 수 있습니다. 마찬가지로 교사와 학생이 서로 다른 경향을 가지고 있다면 갈등이 크게 일어날 수 있고, 학생이 가진 장점이나 특성은 제대로 인정받지 못할 수 있습니다. 교사나 부모는 자기 자신이 가진 성향과 상관없이 두 가지 특성에 대해 폭넓게 이해하고 학생의 장점을 찾아줘야 하지만, 그만큼 폭이 넓은 교사는 많지 않습니다.

"대저 합리적인 사람은 자신을 세상에 적응시키며, 세상이 자신에게 적응하라고 요구하는 사람은 비합리적이다. 따라서 세상은 비합리적인 사람에 의해 진보한다."

– 조지 버나드 쇼(George Bernard Shaw, 1856~1950)

영재의
다섯 가지 유형

흔히들 영재라고 하면 어떤 모습이어야 한다는 고정관념이 있습니다. 모든 사람이 영재는 이렇다고 합치된 생각을 하는 것도 아닙니다. 각자가 이런 것이 영재라는 생각을 하고 있습니다. 하지만 영재에도 여러 가지 유형이 있습니다.

여기 소개해드리는 영재에 대한 유형은 연구 결과가 뒷받침된 내용입니다. 카렌 로저스_Karen Rogers_ 박사는 미네소타 세인트 토머스 대학에서 영재 교육학을 가르치고 있으며,《영재 교육의 재구성_Re-Forming Gifted Education_》이라는 책으로 〈포워드 매거진〉의 '올해의 책'을 수상했습니다. 실제로 다양한 유형의 영재들을 심층 면접하고 때로는 직접 지도하면서 객관적인 자료를 축적했습니다. 영재들의 잠재력을 매우 다양하게 발달시켰습니다.
흔히 사람들은 저 아이는 이런 것은 뛰어나지만, 저런 점이 모

자라기 때문에 "영재는 아니야"라고 쉽게 말합니다. 그러나 오히려 영재들은 자신에게 맞는 특정한 영역에 집중하는 경향이 아주 강합니다. 다른 분야에서는 매우 평범하거나 오히려 약점을 가지게 되는 경향이 있습니다. 영재 교육이란 결국 특성이 강한 쪽은 잘 발달하도록 도와주고, 약점이 있는 쪽은 보완해주는 양육입니다.

1. 두뇌형
2. 전문가형
3. 창조형
4. 리더형
5. 예술가형

일반인들이 영재라고 생각하는 유형은 대체로 두뇌형이거나 전문가형입니다. 창조형에 대해서는 영재라고 생각하는 사람도 있지만, '영재는 아니다'라고 생각하는 사람이 더 많습니다. 리더형이나 예술가형은 흔히 지능과는 관계가 없는 유형이라고 오해합니다. 영재의 유형은 성장하면서 나름대로 형태를 갖추고 뚜렷해지므로, 아이의 성장을 관찰하면서 그 성장 방향을 존중해줘야 합니다.

1. 두뇌형

사색과 깊은 사고 : 어떤 문제를 해결하는 데 있어, 직접 문제를 푸는 것보다 관련된 문제들에 대한 탐색에 보내는 시간이 훨씬 많습니다. 문제의 종류가 어떤 것인지 따지면서 이런 문제를 경험한 적이 있었는지 생각해보고, 그때 어떤 방법이 효과가 있었는지, 지금도 그 방법으로 효과를 볼 것인지에 대해 많은 시간을 들여 생각해보고 나서야 문제를 풀기 시작합니다. 그저 주저하는 것과는 다르지만, 흔히 주저하는 것으로 보입니다.

유사성 발견하기 : 현재 배우는 것과 과거 같은 분야이거나 또는 다른 분야에서 배웠던 것 사이에 있는 유사점을 가지고 연결시키려 합니다. 다른 사람 입장에서는 그 두 가지가 왜 연결되었는지 이해하기 어렵습니다. 그래서 생뚱맞거나 난데없이 다른 것으로 넘어간다고 오해받기가 쉽습니다.

배우기를 좋아합니다 : 지식을 모으는 일, 개념적인 토론, 학교 자체를 좋아합니다. 학점을 주는 것이든 안 주는 것이든, 교사나 멘토가 무엇이든 새로운 것을 보여주면 강한 흥미를 나타냅니다. 항상 새롭거나 색다른 내용을 목마르게 찾습니다. 배우기를 좋아하는 특성은 '내적 욕구'라고 부르는데, 칭찬이나 포상, 인센티브 제공보다도 강력하며 이런 재미를 느끼는 영재는 별다른 훈련 없이도 뛰어난 학습 능력을 스스로 발전시켜 나갑니다.

집중력과 기억력 : 주변에 어떤 일이 일어나든, 자신이 추구하는 한 가지에 몰두하는 경향이 있습니다. 주변에 폭탄이 터지고 폭풍우가 몰아쳐도 잘 모를 때가 있습니다. 별로 큰 노력도 없이 새로운 지식을 아주 빨리 기억하고 아주 오랫동안 기억합니다.

문제점 찾아내기 : 어떤 상황에서 정말 핵심적인 것이 무엇인지를 찾아내는 탁월한 능력이 있습니다. 여러 가지 다양한 정보 중에서 관련된 정보, 앞뒤가 서로 맞는 정보를 뽑아내는 능력이 뛰어나기 때문에 진짜 문제가 무엇인지를 알아냅니다.

엄청나게 빠른 인지 능력 발달 속도 : 피아제Piaget의 인지 발달 이론의 최종 단계까지 이르는 속도가 일반 아동보다 무척 빠릅니다. 인지 발달이란 정형화된 사고방식 혹은 추상적인 사고 능력과 논리 능력을 말합니다. 지능 지수가 높게 나올수록 발달 속도는 더욱 빠릅니다.

2. 전문가형

특정 주제나 기술에 대한 집착 : 한 가지 지식이나 기술에 대해 관심을 가지면 먹거나 마시거나 잠잘 때도 집착합니다. 그것과 관련된 것은 모두 배우거나 알 때까지 쉬지 않습니다. 그 외에 대해서는 좀처럼 관심을 가지지 않으며, 관심 영역이 넓어지지 않습니다.

특정 주제나 기술에 대한 강한 동기 유발 : 특정 주제에 대한 집착과 똑같습니다.

자기 자신에 대한 비판 : 보통 아이들보다 자책이 매우 심합니다. 자신의 능력에 대해 불신이 강하고 열등감에 시달립니다. 특정한 능력이 강한 반면 다른 점에서는 평범하거나 뛰어나지 못하기 때문에 생기는 문제로 보입니다.

성취에 대한 욕구 : 특정 분야에 대한 지식, 그 분야의 전문가로 인정받아야 한다는 욕구가 아주 강합니다.

집중력과 기억력 : 두뇌형과 동일합니다. 주변에 어떤 일이 일어나든, 자신이 추구하는 한 가지에 몰두하는 경향이 있습니다. 별로 큰 노력도 없이 새로운 지식을 아주 빨리 기억하고 아주 오

랫동안 기억합니다.

배우기를 좋아한다 : 특정 분야에 대한 관심이 강한 것 외에는 두뇌형과 동일합니다.

3. 창조형

유연성 : 같은 것을 여러 가지 시각에서 보는 능력이 탁월합니다. 같은 문제를 여러 가지 방법으로 풀어 보려고 하며 실제로 여러 가지 방법을 찾아냅니다.

혼자서 구조물 만들기 : 주변을 자신에 맞게 꾸미고 배치하는 것을 좋아합니다. 책상이나 의자의 배치를 바꾸기도 하고, 숙제를 바꿔서 해보고 싶어 하며 순서를 뒤바꿔서 해보고 싶어 합니다. 학교에서도 그렇고 집에서도 그렇습니다. 일을 어떻게 할 것인지에 대해 계속해서 새로운 제안을 하거나 협상을 벌이려고 합니다.

모험가 정신 : 무언가 새로운 일을 해보고 싶어 하는데 지치지 않습니다. 그로 인해서 인지적인 문제, 정서적인 문제, 실제적으로 육체적인 위험이 발생하는데도 불구하고 아랑곳하지 않고 새로운 일을 벌이고 싶어 합니다.

모호한 상태로 놓아두기 : 어수선하고 정돈되지 않은 상태에서도 불편함을 못 느낍니다. 정리가 되어 있지 않고, 뒷마무리가 되어 있지 않은 상태로 방치하는 것들이 많습니다. 전혀 해결될 것 같지 않은 문제를 그대로 둔 채로 있는 경우가 많습니다.

자긍심 : 일반인보다 자기 자신에 대해 훨씬 긍정적인 이미지를 가지고 있습니다. 마음만 먹으면 무엇이든지 만들어낼 수 있다는 자신감이 어디서인지 끝없이 흘러나옵니다. 핵심은 자기 안에 있다고 봅니다. 어떤 일이 실패하든, 성공하든 자신의 노력과 능력에 따르는 것이라는 인식이 강합니다.

4. 리더형

역순 계획 능력 : 복잡한 계획을 단계별로 쪼개서 역순으로 계획하는 능력이 탁월합니다. 궁극적 목표를 설정했으면, 그에 따라 중간 목표를 정한 다음, 지금 무엇부터 시작해야 될지는 시간적으로 거꾸로 설정해 계획을 세웁니다.

탐색 능력 : 복잡한 정보를 전체적으로 훑어보고, 힘들이지 않고도 유사점과 차이점을 짚어냅니다. 상대적으로 상황이나 사회적 압력이나 다른 사람들의 태도에 대해 독립적이며 큰 영향

을 받지 않습니다.

성취에 대한 욕구 : 전문가형과 동일합니다. 특정한 지식, 해당 분야 전문가로 인정받으려는 욕구가 아주 강합니다.

사회적 인지 능력 : 사람들 사이에서 어떻게 행동해야 되는지, 다른 사람에게 어떤 대접을 해야 되는지 아주 어린 나이에서부터 직관적으로 잘 압니다. 그렇다고 해서 실제로 그런 행동을 항상 하지는 않을 수도 있습니다.

정서적 안정감 : 침착하고 감정 표현이 안정적입니다. 불안감이나 초조감 없이 남의 약점을 곧잘 감싸줍니다.

뛰어난 공감력 : 다른 사람의 아이디어를 쉽게 이해하고(이데올로기 공감력), 다른 사람의 기분과 느낌을 정확히 파악하며(정서적 공감력), 자신의 위치를 잘 잡습니다(시각적·인식적 공감력).

5. 예술가형

특정 주제나 기술에 대한 집착 : 전문가형과 동일합니다. 한 가지 지식이나 기술에 대해 관심을 가지면 먹거나 마시거나 잠잘 때도 집착합니다. 그것과 관련된 것은 모두 배우거나 알 때까지 쉬지 않습니다. 그 외에 대해서는 좀처럼 관심을 가지지 않으며, 관심 영역이 넓어지지 않습니다.

특정 주제나 기술에 대한 동기 유발 : 전문가형과 동일합니다.

자기 자신에 대한 비판 : 열심히 하지 않으면, 자신의 재능이 사라질 것이라는 강박이 심합니다. 자신의 작품이나 공연에 대해 매우 비판적이며, 끊임없이 강하게 비판합니다.

예술 형태에 대한 강한 집착 : 환경이 복잡하고 어렵더라도 자신이 추가하는 예술 형태, 실행 기술에 대해 집중하는 능력이 뛰어납니다.

언어적 연결 능력과 시각적 연결 능력의 합치 : 도형이나 상징 속에서 대응하는 짝을 정확하고 빠르게 찾아내는 능력(시각적 연결 능력), 단어나 어소(어미, 어간, 어두) 사이의 연계를 찾는 능력(언어적 연결 능력), 단어나 의미(인지적 연결 능력)를 연관시키는 능력이 뛰어납니다.

웩슬러 검사 결과에 대한 일반적인 조언

• 웩슬러 검사는 1대 1 면접 형식이어서 검사자와 피검자의 코드가 잘 맞아야 제대로 평가가 이뤄집니다. 웩슬러 검사는 전 세계적으로 가장 많이 사용되는 3대 검사 중 하나입니다. 평가의 신뢰성은 높습니다.

• 너무 어린아이를 검사하는 경우에는 검사자가 많은 경험이 필요하고 잘 놀아줄 수 있어야 합니다. 그렇지 않으면 아이의 잠재력을 제대로 평가하기 어렵습니다. 경험 많은 검사자는 피검자를 최대한 편안하고 부담 없이, 놀이하는 것처럼 검사에 임하도록 유도합니다.

• 동작성 검사와 언어성 검사의 결과, 차이가 크면 높은 쪽을 정확한 평가로 이해하는 것이 맞습니다. 너무 어릴 때는 평

가가 아주 어렵습니다. 12~13살 전후가 검사에 최적기로 봅니다. 나이가 어릴수록 편차가 크게 나타날 수 있고, 조기 교육이나 특수한 상황으로 아이의 지적 발달이 일시적으로 높게 나타날 수도 있습니다.

- 학술적으로 상위 2~3% 전후를 영재로 분류합니다. 아이가 영재라고 해서 특수한 교육이 반드시 필요하지는 않습니다. 특별히 문제가 없다면 영재들은 자신의 잠재력을 발달시키게 됩니다. 교육이 늦어지더라도 짧은 시간에 진도를 빨리 따라갑니다. 집중적이고 강압적인 교육 방식을 권하지 않습니다. 동기 유발을 통해 충분한 잠재력 개발이 가능합니다.

믿지 못하면
실패합니다

고도 영재는 뭐든지 잘하는 아이가 아닙니다. 부모가 지적 특성에 대한 깊이 있는 이해가 필요합니다.

반드시 그런 것은 아니지만 전반적으로 감각 특성이 다른 아이들과 비교하기 어려울 만큼 발달되어 있습니다. 오히려 감각 일부에 이상이 있는 경우도 있습니다.

많은 영재, 특히 고도 영재의 경우는 감각 특성이 아주 예민합니다. 그런 민감한 특성이 지적 특성을 강화시키는 것이라고 짐작하고 있습니다. 그러니 '민감하지 않기라도 했으면'이라는 바람은 아이가 가진 가장 중요한 특성을 부정하는 셈이 됩니다. 그것을 일부러 약화시킬 수도 없습니다. 아이가 가진 좋은 점만 인정하고 아이가 가진 취약점은 거부할 수 없습니다. 아이가 장애를 가졌다고 하더라도 부모는 그것을 아이가 가진 본질적인 부분으로 받아들여야 합니다.

고도 영재는 어떤 의미에서는 고도 장애와 비슷한 측면을 가집니다. 양육하는 부모 입장에서는 2~3배, 때로 5~10배 힘들다고 호소합니다. 그렇다고 하더라도 "다른 아이로 바꿔주세요"라고 할 수는 없는 법입니다.

감각 특성만 예민한 것이 아니라 감수성도 무척 발달되어 있습니다. 고도 영재의 대부분은 감수성이 많이 발달합니다. 결과적으로 슬픈 감정의 깊이나 강도가 무척 강합니다.

단순한 드라마나 영화를 보고서 대성통곡을 하고 몇 날 며칠을 슬픔에 잠기기도 합니다. 공포나 두려움도 무척 강합니다. 조금 큰 소리만 나도 자지러지기도 하고, 심한 공포로 패닉 상태에 빠지기도 합니다. 감각특성이 5~10배 강하다고 생각하면, 그런 공포, 슬픔, 기쁨, 놀람, 분노의 감정도 그만큼 강합니다. 고도 영재의 특성에는 과흥분성, 과잉 반응이 꼭 따릅니다.

'고도 영재'의 기준은 학자들마다 달라서 숫자를 제시하면 반드시 논란이 따라 붙는데, 대체로 0.13%(흔히 사용되는 지능 지수로는 145 이상)로 보고, 이런 아이들은 과흥분성을 대부분 가지고 있습니다.

그래서 120(상위 10%)에서 125(상위 5%) 사이를 '행운의 별'이라고 부르기도 합니다. 대체로 이런 범위의 아이들은 과흥분성을 가질 확률이 현저히 낮고, 가지고 있어도 그 정도가 심하지 않습니다. 그럼에도 이런 아이의 부모들도 아이가 힘들다고 말합니다. 이런 아이들은 통제도 잘되고, 우수합니다. 10%면 반에서 3등 안쪽입니다. 그러니 우수생임에 틀림없습니다. 모든 면에서 부족하지 않습니다.

제임스 웹^{James T. Webb} 박사가 전해주는 양육 과정에서의 핵심은 다음과 같습니다.

정서적 발달에 특별한 애로가 있습니다. 과흥분성을 극복하고 적절한 수준 이상의 통제력과 사회성을 개발하기까지는 더 많은 시간이 필요할 수 있습니다. 20대 중반까지도 기다려야 합니다. 이를 빨리 극복하는 제일 중요한 관건은 부모의 태도입니다.

아이가 가진 지적 특성과 감각 특성을 있는 그대로 수용하고 인내심을 가지고 기다려 주면서 꾸준히 가르치고 수용해주면 극복과정이 단축됩니다. 그런 의미에서 아이는 대기만성이 됩니다. 감정 조절이 안 되고, 어떤 부분은 과잉발달하고 어떤 부분은 지체가 됩니다. 이런 불균형 성장이 특징인데, 약점을 보완하고 적극적으로 아이가 가진 취약점을 보완해주면 다소 늦더라고 큰 인물이 될 수 있습니다.

아이가 가진 특성을 인위적으로 교정하려는 부모와 아이의 특성이 계속 충돌하면 가장 나쁜 실패를 만듭니다. 아이가 가진 영재성에 대한 확신은 부족하고 주변에서 지속적으로 아이의 문제에 대한 불평, 양육 방법에 대한 비난, 오해가 계속되기 때문에 부모는 이런 어려움에 빠지게 됩니다.

부모란 원래 아이가 가진 무한한 잠재력을 믿습니다. 하지만 그런 잠재력이 객관적으로 검증되기를 원합니다. 하지만 고도 영재의 특성은 '행운의 별'과는 많이 다릅니다. 아이가 가진 특성 중에서 몇 개는 뽑아내고 몇 개는 바꿀 수 있다면 좋겠지만 그것은 헛된 희망에 불과합니다.

이런 아이들은 '완벽주의' 경향을 가지고 있습니다. 자신이 경쟁력이 없다고 느껴지는 것은 아예 시도도 하지 않으려고 합니다. 운동을 하지 않으려는 경우가 많습니다. 1등이 아니면 아예 자기는 못한다고 나서지도 않습니다. 따라서 그런 부분은 발달이 안 됩니다.

반면 자신이 잘 할 수 있을 것 같다는 느낌이 들면 매우 집요하게 노력합니다. 무언가 한 가지 운동을 꾸준히 시키면 언젠가 그 부분도 놀라울 정도로 잘하게 됩니다. 남들이 보지 않는 곳에 숨어서 피나는 노력을 합니다. 혼자 연습할 수 있는 환경을 만들어주고 모르는 척하면 틀림없이 연습할 것입니다. 예를 들어, 간단히 스톱워치 하나 사 주고 모르는 척하면, 어느 날 갑자기 기록을 세울지도 모릅니다.

지능 지수 검사에 대해서 아이가 상당한 스트레스를 받을 수 있다는 것도 알아야 합니다. 누구든지 "당신 머리가 어느 정도 되는지 한 번 평가해봅시다"라고 하면 어떻겠습니까? 고도 영재에게 있어 지적 특성은 자신에게 매우 중요한 특성인 만큼 그에 대한 평가는 다른 경우보다 훨씬 민감한 반응을 일으킵니다. 그래서 소위 전문가의 지능 평가보다 샐리 양키 워커 박사의 부모 자가 평가가 훨씬 중요합니다.

　지능 평가는 고도 지능일수록 불안정해집니다. 편차도 크고 검사자와 피검자 사이의 반응과 성향이 아주 많이 작용합니다. 고도 지능 평가에 집착하지 마시길 권합니다. 하지만 고도 영재의 부모들은 객관적 평가에 굶주려 합니다. 당연한 일이지만, 아이에게 도움이 되지 않습니다. 지능 지수만으로 아이의 재능을 인정해주는 경우는 별로 없습니다. 아이 자신이 가진 과흥분성을 극복하고 자기 통제력을 발휘하기 전에는 아이의 우수성이 그대로 평가받지 못합니다. 그런데 20대 중반까지도 극복이 안 될 가능성이 아주 높습니다. 남들이 인정해주지도 않고, 객관성이 담보되지 않는 결과 때문에 높은 숫자가 나와도 부모의 불신을 불식해주지 못합니다.
　정답은 '아이가 가진 잠재 능력을 있는 그대로 믿는 것'입니다. 믿는다는 것은 '보이지 않아도 믿는다'라는 것을 의미합니다.
　믿기 위해서 확인해보고자 하면 '황금 거위의 배'를 가르는 것과 같습니다. 믿지 못하는 부모의 모습은 아이에게 큰 상처가 됩니다.
　부모가 믿지 못하는 영재는 영재로서 자기 확신을 가지기 어렵습니다. 자기 확신이 없는 아이들은 잠재력을 꽃피우지 못합니다. 의심은 황금 거위를 죽일 수도 있습니다.

'영재 양육'이라는
목표와 성공의 기준

대학이나 대학원 수준에서의 학업성취도는 실제로 자신의 지능 지수의 높이에 상응합니다. 중간과정에서 일시적으로 학업성취도가 자신의 지수보다 하향할 수 있지만 그것을 실패로 보면 안 됩니다. 즉, 초등·중학교 과정에서의 학업성취도가 낮은 것으로 영재성을 의심해서는 안 됩니다.

20대 중반에 이르면, 사회적인 활동이 정상적으로 자리가 잡히고, 자신의 민감한 감성을 적절히 통제할 수 있게 됩니다.
성장과정에서 행복한 느낌을 가지며, 부모와의 관계 또한 돈독해집니다.

비현실적인 목표나 기준을 가져서는 안 됩니다. 다음은 그 예입니다.

첫째, 아이가 보여주는 일시적인 수월성을 평생 내내 유지
해야 한다. 전국 최고의 수재, 최고의 학교를 두루 거
친다.
둘째, 모든 과목이나 영역에서 최고의 수준임을 증명한다.
셋째, 압도적인 성공을 통해 시기, 질투하고 아이나 부모를
공격하던 이들을 침묵시킨다.

악순환의 함정에 빠지지 않게 하는 최소한의 원칙들을 제시
합니다.

- 아이가 진정 원하는 것을 존중한다.
- 학원이나 학교, 영재 전문기관이라는 곳의 전문가들에게
아이의 운명을 맡기지 않는다.
- 부모의 욕심을 제어한다.
- 아이의 가능성과 잠재력을 의심하지 않는다.
- 아이의 특성을 남에게 증명하려 하지 않는다.
- 아이의 자발적이고 학문적 호기심을 가장 소중하게 생각
한다. 아이가 학습에 대해 내적 만족을 느낄 수 있을 때까
지 많이 기다려야 한다.
- 공식적인 집단 교육체계에 집착하지 않는다. 아이가 즐기
는 범위 내에서 아이가 견딜 수 있을 때까지만 학교생활
을 하게 한다. 언제든지 포기할 수 있어야 하며, 학교에서

의 학업성취도에 집착하지 않는다.

- 대안학교, 홈스쿨, 멘토링이라는 대안에 대해 계속 준비하고 연구한다.
- 아이와 대화할 때는 친밀도에 최우선 순위를 둔다.
- 부모 스스로가 영재 교육전문가가 될 것을 결심한다.

불균형
성장

영재들이 학교나 사회생활에서 어려움을 겪고 자신이 가진 잠재 능력을 발휘하지 못하게 하는 핵심 요소는 '불균형 성장'입니다.

지적 능력은 특별히 노력하지 않아도 무척 빠르지만, 정서적 발달, 신체적 발달은 실제 나이를 벗어나지 못합니다. 지적 능력의 발달은 2배, 3배 혹은 그 이상의 발전 속도를 보이기 때문에 부모를 비롯해 많은 어른들이 아이의 진짜 모습이 무엇인지 혼란스럽게 느낍니다.

분자생물학에서 나오는 어려운 전문 용어들을 술술 말하면서 매우 복잡하고 고차원적인 내용을 꿰뚫는 아이가 밤에는 곰 인형이 없으면 자지 못한다고 울고, 동생과 사소한 문제로 골을 부리는 모습을 보여줍니다. 어떤 때는 어린아이 같고, 어떤 때는 어른 같아 어떻게 대해야 할지 혼란스러워집니다. 부모들은 아이의 아이다운 모습에 대해서는 아이처럼, 어른스러운 요소에 대해서는 어른스럽게 대해줘야 합니다.

하지만 가족이 아닌 어른들이나 아이들은 똑같은 문제에 대해 부모처럼 배려해주기 어려울 것입니다. 따라서 아이들이 자신의 지적 수준처럼 20대 중반이 되면 여러 가지 사회적 대우가 달라지면서 안정을 찾게 될 가능성이 높습니다. 이런 불균형 성장에 대해서는 부모도 공부하고 이해해야 하며, 아이 스스로도 이해하고 처한 상황을 객관적으로 인식할 수 있도록 도와줘야 합니다.

고도 영재들이 지적 발달 속도에 맞춰 정서적으로도 빠르게 성장할 수 있게 도와줘야 합니다. 하지만 고도 영재들은 또래 관계가 원활하지 않을 가능성이 높은 만큼 오히려 정서적 발달의 기회가 여러 가지로 제약될 수 있습니다. 따라서 영재 교육은 지적 발달에 대한 여러 가지 프로그램보다는 정서적인 발달을 도와줄 수 있는 프로그램이 더 절실히 필요합니다.

Part 05

어떻게
양육해야 할까요?

영재 양육
어떻게 할 것인가?

우리 아이가 영재이거나 고도 영재라는 것에 대해 확신이 들었다면 어떻게 양육해야 할까요? 다음과 같은 원칙이 있습니다.

1. 강력한 보호자가 되어야 합니다

영재에 대해서는 많은 오해와 왜곡이 있습니다. 따라서 영재들은 현실적인 어려움에 처해 있습니다. 고도 영재라면 훨씬 더 어려운 문제들이 발생합니다.

부모가 아이를 이해하고 그 특성을 인정하지 않으면 아이에게는 매우 큰 타격이 됩니다. 세상 모든 사람이 믿어 주지 않고 오해에 따르는 많은 상처를 줄지라도 부모가 아이의 잠재력에 대해 확고한 태도를 취한다면 모든 어려움을 극복할 수 있습니다.

하지만 부모가 흔들리고 의심하고 아이에게 오히려 아이 특성에 맞지 않는 부당한 공격을 가하면 아이들은 제대로 성장하기 어렵습니다. 부모는 1차적인 보호막이 될 수밖에 없습니다. 온갖 오해와 공격에 대한 대변자, 후견인이 되어야 합니다. 이런 노력과 태도를 '보호 후견 advocacy'이라고 부릅니다.

2. 영재 교육과 엘리트 교육의 차이를 알아야 합니다

엘리트 교육에는 선천적 지적 능력뿐 아니라 일반적인 학업 경쟁력을 극대화하기 위한 여러 가지 요소가 포함되어 있습니다. 따라서 명문 학교의 입학 경쟁과 평가에 충실하게 훈련시키는 요소가 있습니다. 하지만 영재 교육은 고도 영재들이 가진 '불균형 성장'을 보완하는 것에 1차적인 목표가 있습니다.

다음으로 영재들이 가지는 '몰입' 특성을 최대한 보호하고 오히려 발달시키는 것이 매우 중요합니다. 영재들에게 동기 유발을 하려면 자율성이 보장되어야 합니다. 특정 주제에 대해 깊이 몰입할 수 있는 환경과 시간이 철저하게 보호되어야만 합니다. 이런 몰입이 보장되지 않으면 매우 우수하고 강력한 장점이 있음에도 그 장점은 개발되지 않습니다.

3. 영재 특성에 대해 부모들의 학습이 필요합니다

우선 영재들의 감각 특성과 그에 따르는 여러 가지 남다른 특성을 이해해야 합니다. 그다음으로 학습 패턴과 학습 시간의 지속, 과제 선택의 자율성, 존재론적 고민과 심리적 스트레스의 깊이, 동기간의 갈등 대처, 부모·자녀 관계에 있어서의 독특한 긴장 요소에 대해 공부할 필요가 있습니다.

집단 교육에서 부적응 현상이 심화될 경우, 대안 학습 프로그램에 대해 미리 알 필요가 있습니다. 아이가 어려움에 빠졌을 때에 대한 다양한 대처 방법도 배워야 합니다. 학교나 학원에서 영재에 대해 어떤 태도를 흔히 취하게 되는지도 기본적으로 인지해야 합니다. 학교나 학원의 교사들은 수많은 학생들과 상대하면서 많은 경험을 가진 교육 전문가임에도 불구하고 영재가 가지는 특성에 대해서는 잘못된 인식을 가질 수 있습니다. 여기서 비롯된 오해와 잘못된 처방은 오히려 고도 영재에게 치명적인 해를 입힐 수도 있습니다.

4. 특별한 커뮤니티의 필요성을 인식할 필요가 있습니다

고도 영재의 특성은 평균적인 아이들의 성장과정과 매우 다르기 때문에 주변에서의 조언이나 의견이 전혀 도움이 되지 않을 수 있습니다. 많은 영재 부모들이 고민 상담이 오히려 거짓말이나 과장으로 오해받는 경험을 가지고 있습니다. 결국 아무에게도 하소연하기 힘든 상황에 빠져듭니다. 많은 경우, 부부 간에도 심한 의견 대립이 생깁니다.

비록 절대 소수이지만, 모이면 적지 않은 가정이 고도 영재나 영재를 양육하고 있습니다. 이들끼리 모이면 실질적이고 유익한 도움말을 얻을 수 있습니다. 이든(cafe.naver.com/edencenter)은 아이의 지능 검사나 평가 작업 없이 누구에게나 열려 있습니다. 그렇다고 아무나 가입하지 못해도 어떤 의미에서는 누구든지 많은 도움을 얻을 수 있습니다. 거주 지역 가까이에 5~6가족만이라도 부담 없이 의논할 수 있는 모임이 형성되면 큰 도움을 서로 받게 됩니다.

영재들의 특성에 따르는
양육 원칙들

고도 영재의 특성을 다시 한번 나열해보고 각 특성에 따르는
양육 원칙들을 정리합니다.

1. 고도로 발달한 감각 특성
2. 과흥분성
3. 고도의 기억 능력
4. 인지 추론 능력
5. 강한 자아의식
6. 완벽주의 경향
7. 편벽과 고집
8. 감수성과 존재론적 고민
9. 몰입 특성
10. 학교 부적응과 진도 재조정

1. 고도로 발달한 감각 특성

감각 특성 자체는 고도 영재의 고유한 특성일 뿐 아니라 남다른 재능을 키울 수 있는 토대가 됩니다. 감각 특성을 일부러 둔화시키면 아이를 통제하는 것에는 도움이 될 수 있습니다. 하지만 이런 방법은 영재 특성을 죽이는 것이나 마찬가지입니다. 옛날 부잣집에서는 아이가 너무 과민하면 일부러 한약재를 먹여서 실제로 감각 특성을 둔화시키는 사례가 있었습니다. 대체로 녹용을 일정량 이상 먹이면 아이가 둔감해진다는 설이 있습니다. 청력이 약화되거나 비만이 되기도 합니다. 그게 사실이라면 너무도 야만적인 일입니다.

고도 영재에게는 되도록 안온하고 조용한 환경이 필요합니다. '온실 속의 화초'라는 외부의 비난을 두려워해서는 안 됩니다. 강한 감각 특성에 맞춰서 매우 섬세하게 조절해주지 않으면 고도 영재들은 심한 스트레스에 시달리며 정서적 안정을 잃기 쉽습니다. 시간을 가지고 점차 강한 소리, 빛, 거친 촉각에 단계적으로 노출시키는 훈련이 필요합니다.

단계별 접근을 꾸준히 하면 점차 강한 외부 자극에 대해서도 적응력을 키울 수 있게 됩니다. 훈련이 축적되면 오히려 보통 사람보다 더 큰 인내력을 가지게 됩니다.

처음에는 강한 보호로 안전망을 확보해줄 필요가 있습니다. 꾸준히 외부로 밀고 나아가서 강한 자극에도 견디는 적응력을 키워줘야 합니다. 자극의 강도는 아주 섬세한 것으로 시작해서 아이의 적응력이 자라나는 것을 평가하고 꾸준히 강도를 높여 나가면 성공할 수 있습니다.

2. 과흥분성

과흥분성은 앞에서 살펴본 발달된 감각과 같은 문제이므로, 같은 원칙을 적용합니다. 아이의 감정 자체는 선한 것도, 악한 것도 아닙니다. 아이에게 전달되는 입력 신호가 큰 만큼 그에 따른 반응도 강하게 나타나는 것입니다. 하지만 가족 혹은 부모가 아닌 경우, 오해를 하게 됩니다.

적어도 가족에게는 아이가 가진 특성을 잘 이해시키려는 노력이 필요합니다. 하지만 가족 외부에 대해서는 설득이 여간 어렵지 않습니다. 따라서 고도 영재와 그 가족들에게는 간단한 나들이나 외식조차도 쉽지 않은 모험일 수 있습니다. 충분히 조심하고 제대로 준비할 필요가 있습니다.

아이가 성장하면서 자신을 통제할 수 있는 힘이 생겨나면 이 역시 근본적으로 극복할 수 있습니다. 하지만 통제력이 자라는 것에는 많은 시간이 필요합니다.

통제력을 강화하는 것에는 심호흡이 도움이 됩니다. 분노, 슬픔, 기쁨, 혐오 등 그 어떤 감정이든 감정 자체에 대해서는 옳다, 그르다, 할 수 없습니다. 그 감정을 표현하는 방법이 폭력적이지 않도록 설득해야 합니다.

감정이 폭발할 때는 설득이나 질책이 전혀 도움이 되지 않습니다. 어느 정도 감정의 표현은 허용하고 공감을 표시해줘야 합니다. 하지만 행동으로 하는 것에는 일정한 선이 있다는 것을 미리 가르쳐야 합니다. 미리 가르치지 못했다면 이후에라도 감정이 진정되고 났을 때 설명할 필요가 있습니다. 새로운 모험을 앞둔 때에는 미리 설명하고 통제하는 방법에 대해 친절히 설명해줍니다.

아이의 분노, 슬픔, 기쁨, 흥분을 말로 표현하는 것을 권장하고 되도록 예술적이고 아름답게 표현하는 것을 유도할 필요가 있습니다. 고급 예술, 즉 시나 노래, 무용, 연극적인 동작이나 대사를 익히는 것도 큰 도움이 됩니다. 고도 영재에게는 이런 교육이 다소 이른 나이에 필요합니다.

3. 고도의 기억 능력

기억 능력을 개발하고 적극 활용하도록 하는 것은 여러 가지로 도움이 됩니다. 실제로 고도 영재에게는 2~3개 이상의 외국어 훈련이 그다지 어렵지 않습니다. 시나 좋은 문장을 암기하게 하는 것도 도움이 됩니다. 시켜 보면 어른들에게도 어려운 과제들을 쉽게 소화합니다.

동기 유발과 유도가 중요합니다. 많은 과제나 강압보다는 유혹이나 인센티브가 더 유효합니다. 난이도 조절도 중요합니다. 부모가 능력 발휘에 욕심을 부리다가 보면 갈등을 일으킬 수 있습니다. 일부 요령은 실제로 대단히 강력합니다.

- 작은 성취에 대해서 기쁜 마음을 적극적으로 표시합니다. 동작을 크게 하고 목소리의 톤을 높이면서 기쁘다는 것을 표시하면 아이도 좋아하고 또 다른 도전을 기쁘게 받아들입니다.
- 완벽주의 경향 때문에 실패를 두려워합니다. 도전하는 것 자체에 큰 의미를 두고 격려하고 칭찬합니다.
- 지나친 과제로 몰아가서는 실패할 가능성이 높습니다. 처음에는 쉬운 과제를 제시하고 점차 섬세하게 목표를 조절하는 노력을 합니다. 과제와 목표는 반드시 아이와 의논하고 가감하는 과정을 반복하면, 스스로도 목표를 조절하는 습관을 가지고 요령을 터득하게 됩니다.

4. 인지 추론 능력

문자와 숫자를 익히는 것은 인지 추론 능력의 개발에 도움이 됩니다. 대체로 놀이와 생활 속에서도 이런 능력은 꾸준히 개발됩니다. 따라서 형식화된 학습이나 학습 프로그램이 반드시 필요한 것은 아닙니다. 대체로 고도 영재들에게 있어 이런 능력은 특별히 의식하지 않아도 자연스럽게 발달합니다. 여러 가지 사물에 대해 묻고 따지는 것을 부모가 스스럼없이 받아주면 더욱 발달이 촉진됩니다.

불합리한 것을 강요해서는 안 됩니다. 따지는 태도 자체를 억

압하면 그만큼 지체되거나 갈등 요인이 될 수 있습니다. 따라서 부모는 아이와의 관계에서 정직해야 하며, 작은 약속이라도 지키려는 노력이 필요합니다. 불가피할 경우, 아이에게라도 양해를 구하고 사과하는 것이 좋습니다.

가족들이 각종 테이블 게임을 즐기면 큰 도움이 됩니다. 게임의 규칙을 이해하고, 주어진 규칙 속에서 승부를 경험합니다. 그 과정에서 추론 능력을 배우고, 자연스럽게 아이의 성장을 확인할 수 있습니다. 아이는 게임을 통해 지는 것과 이기는 것에 대해서도 배웁니다. 지더라도 분노를 마구 표현해서는 안 되고 이기더라도 패자에게 지나치게 으스대는 것은 옳지 않다는 것을 가르치는 기회가 됩니다.

5. 강한 자아의식

자아의식의 형성과 발달과정도 빠른 편입니다. 따라서 이 부분에 대해서도 부모가 미리 준비할 필요가 있습니다. 자존감과 자긍심을 키워줘야 합니다. 긍정적인 자기 이미지가 형성되도록 합니다. 작은 승리의 경험들이 필요합니다.

아주 간단한 게임과 게임에서 승리했을 때 아낌없이 주어지는 칭찬은 긍정적인 자기 이미지 형성에 도움이 됩니다. 따라서 어린 나이에는 경쟁적 상황을 마구 만들어서는 안 됩니다. 모두가 승리자가 될 수 있는 조건을 섬세하게 계획하고 좋은 경험이 쌓이도록 해야 합니다.

승부욕을 갖는 것 자체는 장점입니다. 장차 수월성을 추구해 나가는 추진력이 됩니다. 이기고 싶은 마음을 갖는 것은 자연스럽고, 이기는 경험을 반복하는 것은 자신감과 자존감을 강화합니다. 하지만 지는 법을 배우는 것도 중요합니다. 정직한 패배에 대해 인정해주고, 의연한 태도를 칭찬하는 것이 필요합니다. 분한 마음을 표시하는 것은 나쁘지 않습니다. 하지만 공격적이거나 적대적인 태도를 보여서는 안 된다는 것을 기회 있을 때마다 알려줘야 합니다.

문학 작품이나 영화, 드라마 중에서 검증된 고전을 접하게 하는 것도 도움이 됩니다. 작품에 등장하는 용기와 배려가 뛰어난 영웅들과 선한 의지를 가진 주인공들의 이미지는 쉽게 동일시되며, 부지불식간에 자기 이미지의 일부가 될 수 있습니다.

6. 완벽주의 경향

완벽주의 경향도 양날의 칼처럼 부정적인 요소와 긍정적인 요소를 다 가지고 있습니다. 완성도를 추구하고 수월성을 위해 집중하는 태도로 발전할 수 있지만, 지나치게 비현실적인 목표를 세울 수 있습니다. 그 목표가 이뤄지지 않았을 때 괴로워하고 화를 내는 정도가 지나칠 수 있습니다.

실제로 이런 여러 가지 부작용이나 과도한 감정을 부모가 완벽히 통제하기는 불가능합니다. 감정에 휩싸여 있을 때는 냉각기를 가지도록 시간을 주는 것이 좋습니다. 감정이 가라앉고 대화가 가능해지면 여러 가지 조언을 해줄 수 있습니다. 일정한 수준에 도달하려면 일정한 훈련 반복과정이 필요하다는 것을 짧게 말해줍니다. 한 번에 길게 설명하면 반발을 일으킵니다. 그저 한마디씩 비슷한 상황에서 다시 말해주면 메시지가 침투해서 결국 효과를 냅니다.

실패가 반복되더라도 재도전하는 자세는 대단히 중요한 덕목이라는 것을 깨닫게 해야 합니다. 부모가 그런 모범을 보여야 합니다. 부모도 어떤 일을 항상 단번에 달성하는 능력자라는 것보다는 실패에도 불구하고 의지를 가지고 꾸준히 재도전을 통해 마침내 목표를 달성하는 모습을 보여줘야 합니다.

7. 편벽과 고집

부모 자녀 사이는 '바람과 돛' 관계입니다. 부모는 돛을 이용해 역풍이라도 배를 어떤 방향으로 몰아갈 수 있습니다. 하지만 바람의 방향을 마음대로 통제할 수는 없습니다. 부모가 바람직하지 않은 행동에 대해서는 일정한 정도의 견제와 통제를 지속하고, 바람직한 방향에 대해서는 적극적으로 힘을 실어주는 노력을 지속해야 합니다.

영재들은 낯설고 새로운 분야에 대해 두려워하는 경향이 심한 편입니다. 계속해서 '그것도 잘 할 수 있게 된다'라는 암시를 준다면 실제로 효과가 있습니다.

여행지의 선택, 가족 나들이 일자와 시간의 결정, 새로 사는 옷 종류나 스타일의 선택 등 수많은 선택에서 고도 영재들은 자기 고집을 내세우는 것 역시 지나칩니다. 형제자매가 여러 명이면 부모의 애정을 확인하고 기회를 독점하려고 합니다.

원칙 세우기와 타협을 반복해야 합니다. 장기적인 영향을 주는 것, 교육적인 것이나 가족 전체의 가치나 안전에 관한 것이 중요합니다. 부모가 결정하되 아주 중요하지 않은 것은 아이에게 결정권을 양보합니다. 자녀가 여러 명이면 공평하게 나눈다는 원칙도 중요합니다. '큰아이니까 양보해라', 혹은 그 반대로 큰아이에게 결정권을 독점하게 만들면 설득력이 약합니다. 장기적으로 자녀들에게 해로운 영향이 많습니다.

계속해서 게임의 규칙을 만들 필요가 있습니다. 끊임없이 규칙이 어겨지고 규칙 변경의 요구가 일어나도 포기하지 말고, 규칙을 만들어 타협하는 과정이 필요합니다. 최대한 공정하려고 노력해야 합니다.

실제로 아이와의 고집 싸움에서 부모는 여러 가지로 불리하고, 매번 실패하기 나름입니다. 하지만 포기하면 안 되고, 계속 설득할 필요가 있습니다. 강압도 안 되지만, 방임해서도 안 됩니다. 포기해서도 안 됩니다. 타협한다는 것이 중요합니다. 아무리 부모가 옳고 현명해도 일정 부분은 불만스럽더라도 양보하는 것이 타협입니다. 타협하지 않으면 결국 실패하게 됩니다.

8. 감수성과 존재론적 고민

존재론적 고민에 대한 대처에서 반드시 피해야 될 태도가 있습니다.

- **아이의 고민을 무시하고 인정하지 않는 것**
"쪼그만 게 별것을 다 생각하네. 공부나 해!"
- **질문을 회피하는 것**
"나도 지금 걱정거리가 태산이거든. 왜 너까지 난리냐?"
- **고민의 주체가 아이 자신이 아니고, 누군가의 영향을 받았다고 짐작하고 범인을 추궁하는 것**
"너 누구한테 무슨 소리를 듣고 이러는 거야? 이제 ○○하고는 어울리지 마."

대체로 부모들도 이런 존재론적 고민에 대해 완벽한 해답을 가지고 있지 못합니다. 이런 문제에 대해 진지하게 들어주고, 아이가 가진 불안과 회의를 가라앉힐 수 있는 좋은 메시지와 확고한 태도를 가진 사람은 드뭅니다. 종교적으로 높은 경지에 있는 사람이나 카리스마나 높은 지성과 덕성을 겸비한 선생이 필요해질 것입니다. 그렇기 때문에 문제를 회피하거나 다그치려고 하기 쉽습니다. 하지만 최대한 그런 고민에 대해 진지한 대응을 해야만 합니다. 도움이 되는 말은 다음과 같습니다.

- 너도 그런 생각을 하는구나. 엄마, 아빠도 그런 것 때문에 힘들었던 때가 있었어.
- 글쎄, 그 문제에 대해서는 좀 더 깊은 생각이 필요할 것 같구나. 좀 더 깊은 연구를 한 철학자나 종교 지도자와의 대화가 필요할 것 같다.
- 언제부터 그런 생각을 했니? 그런 생각이 들면 엄마, 아빠에게 바로 이야기하렴. 같이 생각해보자구나.

아이들이 때 이르게 이런 고민에 빠지는 것은 어떤 충격적인 사건이나 스트레스를 받는 상황이 있기 때문입니다. 식구, 친인척, 애완동물, 가까운 사람의 죽음이나 불행일 수도 있습니다. 단순히 방송이나 신문에 나오는 이야기를 보면서 충격을 받을 수도 있습니다.

대체로 자기만 그런 것을 고민하는 것이 아니고 많은 사람들이 같이 고민하고 있다는 것을 느끼면 훨씬 부담이 줄어듭니다. 대체로 이해하고 주의를 기울이며 아이의 느낌을 잘 표현하도록 유도하고 공감을 표시해주는 것만으로도 훨씬 좋아집니다.

잘 정립된 종교 교육도 도움이 됩니다. 단, 영재아의 특성을 이해해주는 종교 교육이 많지 않아서 부작용을 일으킬 수 있습니다. 이런 아이들을 위한 다소 특별한 종교 교육이 필요합니다.

9. 몰입 특성

'몰입' 단계가 되면 대상에 대한 집중력이 고도로 집약되어서 평상시와는 완전히 다른 생산성을 가지게 됩니다. 암기력의 경우는 수십 배, 연산과 암산의 경우는 수백 배의 효율이 가능해집니다. 다빈치, 뉴턴, 에디슨, 아인슈타인의 경우는 수십 년, 수백 년간 천재적인 학자나 천재들이 해결하지 못한 문제를 돌파하는 것을 보여주었습니다.

'몰입'에 이르는 과정이나 그 과정에서 보여주는 행태는 사람마다 다릅니다. 겉으로 드러나 보이는 모습을 가지고는 몰입의 가치를 제대로 인식하기 어렵습니다.

역사적으로 인류사에 족적을 남긴 고도 영재들은 특별히 몰입할 수 있는 조건을 가지고 있었습니다. 부모들이 몰입하는 아이에 대해서 불편한 시각을 갖지 않았던 경우가 많습니다. 또는 몰입에 자유롭게 빠질 수 있었던 특별한 상황이 만들어졌습니다.

몰입은 현실 세계로부터 일시적으로 교감을 차단하는 만큼 실제로 위험할 수 있습니다. 어떤 경우는 잠도 잘 수 없고, 현실적인 감각을 되찾는 데 어려움을 겪기도 합니다. 밥도 먹을 수 없고, 잠을 잘 수도 없다면 당연히 건강상의 타격을 입게 됩니다. 몰입을 하되 건강을 잃지 않게 하는 원칙이 있습니다.

식사 시간이나 일정한 시간에는 하던 일을 잠시 멈추는 습관이 필요합니다. 독서를 하더라도 40분에서 50분 사이에는 반드시 책을 덮고 눈의 피로를 가시게 하는 동작 등을 하면 큰 도움이 됩니다. 되도록 먼 산을 바라본다거나 잠시 눈을 감고 눈 주변을 부드럽게 하는 마사지 같은 간단한 동작이면 충분합니다. 또 한 가지는 하루 30분에서 1시간 사이에 가벼운 산책이나 가벼운 운동을 규칙적으로 하는 것입니다. 이런 몇 가지만 지켜도 몰입 상태에서 잠을 이루지 못하거나 식사가 불규칙하게 되는 폐단은 예방됩니다.

10. 학교 부적응과 진도 재조정

학교에서의 학과가 너무 지루해질 염려가 있어 선행학습을 시키지 않았다는 이야기를 많이 듣게 됩니다. 하지만 선행학습을 전혀 시키지 않아도 고도 영재에게 학교 수업은 지루해질 수 있습니다.

초등학교 진도를 감안할 때, 수학은 분수의 이해와 응용 정도가 6학년 졸업 수준이고, 여태의 과목들은 독서 200여 권 정도라고 평가됩니다. 특별한 선행이 없더라도 약간의 독서량이 쌓이면 실제로 크게 배울 것이 없는 상태가 됩니다.

고도 영재들에게는 매일 일정한 수준의 지적 영양분이 필요합니다. 생각해볼 만한 과제도 있어야 하고, 지적 도전도 느낄 수 있어야 합니다. 여러 가지 고도 영재의 특성이 학교의 집단 학습에서 어려움을 일으키지만, 진도가 맞지 않아 생기는 부조화가 학교생활 적응의 근본적인 원인이 됩니다.

영재 관련 전문가들의 의견을 들어보면, 10% 정도의 학생은 초등학교 과정에서 2년 정도의 월반이나 조기 입학이 필요하고, 2% 정도의 학생은 3~4년, 0.1%의 학생은 5년 이상이 필요하다고 추산하고 있습니다.

하지만 적어도 2%의 학생들에게 표준화된 진도는 대단히 고통스럽습니다. 공교육 내에서 월반이 어렵다면 적극적으로 대안을 찾을 필요가 있습니다.

어디에서부터
시작할 것인가?

　영재 자녀를 키우는 일은 보통의 아이를 양육하기보다 몇 배 힘듭니다. 좌절감에 시달리며, 체력적으로나 정신적으로 탈진되기를 반복하게 됩니다. 그러나 그만큼 큰 보람이 있습니다. 무엇보다 희망을 가져야 합니다.

　가장 먼저 필요한 것은 꿈을 갖는 일입니다. 아이가 가진 무한한 가능성에 대해 꿈을 꾸고 그 꿈을 위해 무한한 노력과 싸움을 감수하겠다는 의지를 다져 나가야 합니다. 그런 일은 혼자서는 감당하기 어렵습니다. 아이의 가능성을 확인하고 객관적으로 인정받고 싶은 바람은 모든 부모들이 원하는 것입니다. 그만큼 부모가 아닌 사람들은 다른 집 아이의 영재성에 대해 매우 야박합니다. 고도 영재와 그 부모는 끊임없이 외부로부터 의심을 받습니다. 그런 상황에서 부모는 아이가 원만하고 풍성한 교우관계를 가지기를 기대합니다.

　같은 어려움을 겪고 있는 사람들이 공동체를 만들고, 서로 아이가 가진 영재성에 대해 믿음을 북돋아주면서 어려운 과정을 현명하게 헤쳐 나가는 노하우를 교환하는 노력이 절대적으로 필요합니다.
　영재성을 죽이는 최고의 독약은 아이들을 비교하는 것입니다. 모든 아이들을 패배자나 가짜 영재로 만드는 패망의 비결입니다. 아이들이 가진 모든 측면을 감수하고 가능성에 대한 무한한 믿음을 가지며 함께 성장할 수 있는 협력의 정신을 배우도록 노력해야 합니다.

　부모로서 필요한 최소한의 지식이 있습니다. 기억해두면 도움이 될 만한 지식이 있습니다. 그런 지식은 대단한 것은 아니지만, 자녀를 양육하면서 언제나 흔들리고 혼란에 빠질 수 있기 때문에 늘 마음을 다잡으면서 명심하고 실천하고 반복해야만 합니다. 그리고 서로 나누어야 합니다.

칭찬과
질책

칭찬과 질책.

심리학에서는 이것을 강화^{Reinforcement}라고 합니다. 부모나 교사가 아이에게 바람직한 것은 칭찬을 통해 유도하고, 바람직하지 못한 것은 질책을 통해 억제해서 부모나 교사가 원하는 인격으로 변화시키는 것입니다.

그래서 원래 논란이 많습니다. 어떤 사람은 '칭찬은 고래도 춤추게 한다'라고 해서 칭찬을 최고의 양육방법이라고 하는데, 상당수의 교육학자들이나 교사들은 동의하지 않습니다. 겉으로 말하지는 않지만 '과도한 칭찬으로 아이를 버릇 나쁜 아이로 만든다' 혹은 '잘 한 것도 없는데 어떻게 칭찬을 하느냐?'라는 관점을 가지고 있습니다. 동서양을 막론하고 '채찍을 아끼면 아이를 망친다^{Spare the rod, spoil the child}'라는 격언이 있고, 기본적으로

'칭찬 예찬론'과 정면으로 대립됩니다.

'어떻게 사람이 자기 좋은 대로만 살 수 있느냐?', '어떻게 고생 없이 좋은 결과를 얻을 수 있느냐?'

어느 쪽 생각이 맞을까요?

(1) 채찍을 아끼면 아이를 망치지만, 채찍을 남용하면 아이를 죽입니다. 채찍을 맞으며 성장한 아이들은 매우 순종적이며 선량하지만 자존감이 약합니다. 다른 사람들의 성과와 노력에 대해서도 지나치게 비판적이며, 조직 내에 균열을 일으키는 사람이 됩니다.

부모들은 어른을 공경하고 교사에 순종하며 가정과 교실에서는 온순하지만, 나쁜 놈들에게는 용기 있고 당당하고 주눅 들지 않는 사자가 되기를 원합니다. 하지만 강할 때 강하고, 필요한 때는 부드러운 이상적인 캐릭터란 것은 드라마에서나 있는 이상적인 모델일 뿐이며 현실적이지 않습니다. 그것은 오랜 수련과 경험 및 지혜를 통해 만들어지는 것이며 오랜 세월이 걸립니다.

'크게 성장하는 아이는 떡잎부터 알아본다'라는 말이 있지만, 모든 것이 균형 잡힌 완벽한 인격이 어린 시절부터 완성되지는 않습니다. 어린 시절 그런 균형이 잡힌 인격으로 보이는 것은 환경에 의해 만들어진 일시적인 상태이며, 자라나면서 균형이 깨지기도 하고, 다시 바로잡히기도 하면서 어른으로서 완성된 인격으로 나아가는 것입니다.

에너지 레벨(힘)이 높고 동시에 컨트롤(통제)이 되는 인격을 원하지만, 에너지 레벨이 높으면 컨트롤이 잘 안 되고, 상대적으로 에너지 레벨이 낮으면 컨트롤하기는 쉽습니다. 통제가 지나치면 아이는 순종적이며, 곧잘 묘기를 부리게 되지만, 자존감이 낮고 성장 속도가 느려집니다. 성장이 되어도 한계에 봉착하고 동력을 잃기 쉽습니다.

(2) 아이의 존재, 가치, 인격을 있는 그대로 수용해주지 않으면 자존감은 자라나지 않습니다. 때로 어린아이는 그 자체로 '천사' 같이 보이지만 천사가 아닙니다. 어린아이도 자신의 욕구가 있으며 자신의 욕구를 충족하기 위해서 이기적인 측면을 가집니다. 이런 심성은 악한 것일까요?

악한 것이므로 어렸을 때부터 바로잡지 않으면 안 된다는 기본 인식이 오래전부터 있어 왔습니다. 인간의 이기심은 그 자체로는 선한 것도 아니고 악한 것도 아닙니다. 자신의 욕구를 하나의 생명력으로 인정하되, 그것이 가족과 사회에 해악을 끼치는 것이어서는 안 됩니다.

인간의 이기심은 선한 것도, 악한 것도 아니라는 주장은 인기가 없습니다. 그럼에도 불구하고 중심을 잘 잡아서 예의 바르지만, 자신의 권리와 주장을 지킬 수 있는 균형 잡힌 인격으로 성장시켜야 합니다.

(3) 칭찬을 아껴서는 '춤추는 고래' 같은 명작을 만들어낼 수는 없습니다. 교과서적으로 질책하는 방법과 칭찬하는 방법이 있습니다. 교과서적인 질책과 칭찬 방법을 익히면 자녀 양육의 하나의 기법이 됩니다. 원리를 잘 익히면 쉽지만, 그렇지 않으면 잘 안 됩니다.

《1분 관리자》라는 책에 나오는 방법을 소개합니다. 제대로 된 칭찬과 질책은 정확히 1분 안에 끝내야 된다고 되어 있습니다. 흔히 훈육이란 질책하는 것으로 아는 경우가 많습니다(우리가 그런 문화에서 성장했기 때문입니다). 칭찬하는 법에 대해서는 가르쳐 주는 곳도 없습니다.

칭찬과 질책, 두 가지 다 잘 해야 하지만, 어쨌든 칭찬을 아껴서는 자신감 넘치는 큰 인물을 만들 수 없습니다. 질책을 남발해도 만들 수 없습니다. 자신은 아이에게 함부로 하면서도 아이에게 나무라는 남의 말 한마디에는 발끈하는 사람이 많습니다.

교과서적인
칭찬과 질책

칭찬

· 자신이 하는 일이 잘되고 있는지 바로 알도록 도와주는 것입니다.

· 칭찬할 것이 있으면 즉시 합니다. 뒤로 미루지 않습니다.

· 무엇을 잘 했는지 구체적으로 합니다.

· 그 모습에 대해 부모가 어떤 느낌을 갖는지 알려 줍니다.

· 가족들에게 어떤 도움이 되었는지 설명합니다.

· 느낌이 잘 전달되도록 잠시 시간을 줍니다(10초 정도).

· 그런 모습을 계속 보여 달라고 격려합니다.

· 성공을 지원하겠다는 의미로 안거나 스킨십을 합니다.

질책

· 먼저 옳고 그른 것이 무엇인지를 알게 하려는 것임을 분명히 합니다.

· 질책할 것이 있으면 즉시 합니다. 뒤로 미루지 않습니다.

· 무엇을 잘못했는지 구체적으로 확인합니다.

· 아이가 변명할 수 있는 기회를 충분히 줍니다.

· 잘못에 대해 부모가 어떤 느낌을 갖는지 알려 줍니다.

· 아주 명확하게 설명합니다.

· 느낌이 잘 전달되도록 시간을 줍니다(10초 정도).

· 그럼에도 불구하고 거짓 없이 부모는 아이의 편에 서 있다고 알려줍니다. 칭찬할 때처럼 안거나 스킨십을 합니다.

· 아이가 부모에게 얼마나 중요한지를 되새겨줍니다.

· 아이의 인격에 대해 못마땅하게 생각하는 것이 아니라 그 상황에서의 태도와 행동에 대한 것임을 다시 확인해줍니다.

· 질책은 끝이 났다는 것을 선언하고 실제로 끝냅니다. 나중에 그 일을 다시 지적하는 일은 없어야 합니다. 정말 잊어버리거나 잊은 듯 행동해야 합니다.

정서 개발에는
커뮤니티 행사 참가가 가장 좋습니다

고도 영재에게 학습 프로그램은 그다지 필요하지 않습니다. 대부분의 학습 프로그램은 진도가 맞지 않아서 계속 엇박자가 나기 때문에 자칫 학습 의욕을 꺾거나 방해할 수 있습니다.

영재의 어려움은 정서적 발달과 지적 발달 간의 불균형에 있는 만큼 정서 발달을 적극적으로 도울 수 있는 프로그램이 절실합니다. 정서적 안정을 이루기만 하다면 영재들은 지적 호기심이 강한 만큼 다른 노력 없이도 학업에 몰두하고 많은 성과를 내게 될 가능성이 높습니다. 많은 학부모들이 사교육 프로그램에서 이런 효과를 기대하지만, 불행하게도 영재 선발방식을 취하는 프로그램은 그 어떤 것이든 오히려 치명적인 약점을 가지고 있습니다.

우선 선발과정에서 특성보다 지적 발달을 평가할 수밖에 없습니다. 물론 영재 선발은 영재가 가진 지적 발달을 기준으로 하는 것이 당연합니다.

지적 발달은 선천적인 것 못지않게 선행학습과 훈련에 의해 발전 속도가 다른 만큼 결과적으로 서로 이질적인 학생들이 모이게 됩니다. 노력하고 승부욕과 경쟁의식이 강한 준재들과 그런 부분은 약하지만 워낙 인지 속도와 기억력이 발달된 고도 영재가 섞이게 됩니다. 따라서 정서적인 발달 상황도 서로 다릅니다. 예민한 특성을 가진 고도 영재에게는 오히려 해로울 수도 있습니다. 적대적이고 경쟁적인 급우들에게 큰 상처를 입는 경우가 발생합니다.

수업 자체도 지적 발달을 극대화하는 선행학습 위주로 구성될 가능성이 높고, 굳이 교육 내용이 경쟁을 부추기지 않더라도 다수 학생들에 의해 매우 경쟁의식이 치열해집니다. 결과적으로 많은 학부모들이 학교에서 얻을 수 없었던 통하는 친구를 하나라도 얻기를 기대하는데, 오히려 힘든 상황이 발생할 수 있습니다.

온라인 활동을 위주로 하는 사이버 커뮤니티에서도 이런 학업 경쟁과 견제가 심한 곳들이 적지 않습니다. 이든(cafe.naver.com/edencenter)은 그런 의미에서 매우 귀중한 곳이 될 수 있습니다.

커뮤니티

현재 네이버 카페에 있는 '이든(cafe.naver.com/edencent-er)'은 프리챌에서 2008년에 시작되었습니다. 1998년에 멘사 코리아 사무국장을 하고 있을 당시, 《영재 공부 원제 *Guiding the Gifted Children*》를 읽으면서 지능과 영재에 대해 왜곡된 관념이 많이 있다는 것을 알게 된 다음, 책의 요약을 게시판과 이메일로 퍼뜨리던 일이 계기가 되어 온라인에서 많은 영재 부모들과 인연을 맺었습니다.

책을 읽다 보니 저의 어린 시절도 생각나고, 멘사에서 만나는 많은 청년들의 모습을 보면서 그들이 좀 더 자신의 잠재력을 활짝 개발할 수 있다면 좋겠다는 생각을 했습니다.

멘사는 상위 2%의 지능 지수를 입회 조건으로 하는 특이한 집단입니다. 처음에는 사무국장으로, 나중에는 회장으로 자원

봉사하면서 전후 10여 년간 수많은 신입 회원을 만났습니다. 오리엔테이션을 할 때 간단한 자기소개를 들으면서 이들이 가진 학력 수준이 상위 2%가 아니라는 것을 보았습니다. 대체로 회원의 10~15%는 사람들이 말하는 명문대학이나 선호학과 혹은 전문직에서 일하지만, 85~90%는 평범한 학교에서 평범한 학업성취도를 보이는 수준이었고 학교 중퇴자도 많았습니다. 그래서 지능 검사가 잘못된 것이 아니냐는 의혹에 찬 질문도 수없이 많이 받았습니다.

지능 검사가 잘못된 것이 아니고 고지능 영재들의 모습이 실제로 그런 것이었습니다. 그리고 그것은 이 사람들에게 적합한 교육 프로그램이 제공되지 못했기 때문이라고 생각합니다.

《영재교육백서》에 실린 이야기를 통해 미국의 상황도 그다지 다르지 않다는 것을 알았습니다. 무언가 잘못된 것입니다. 물론 누구나 머리 좋은 순서대로 좋은 학교를 가고, 그 순서대로 출세를 해야 된다는 것은 아닙니다. 그리고 지능 검사가 절대적인 기준을 제시한다는 것도 아닙니다. 하지만 지능 지수상으로 최상위에 드는 10명 중 1~2명만 그에 상응하는 학업성취도를 보여준다는 것은 무언가 잘못된 부분이 있음을 반증합니다.

지난 12년간 온·오프라인으로 600 가족(2023년 현재는 7,000 가족 이상)을 만난 것 같습니다. 처음에는 온라인 상담, 게시판이나 쪽지글로 고민을 나누고 모임에서 만나거나 전화 상담을 했습니다. 최근 3~4년간 직접 만나서 많은 이야기를 나누었습니다. 그리고 다음과 같은 것들을 알게 되고 깨달았습니다.

- 우리 사회 그리고 선진국 사회도 영재에 대해 잘못된 관념을 가지고 있다.
- 영재들과 영재 가족들은 소외되고 있고 오해를 받고 있다.
- 국가나 사회가 이런 소수 집단의 고충과 애로를 해결해주기는 힘든 것 같다.
- 결국 목마른 사람이 우물을 찾듯, 같은 어려움을 가진 가족들이 자구책을 만들어야 한다.
- 그리고 그런 일이 힘들지 않으니 우리 힘으로 가능하다.

"빨리 가려면 혼자 가지만, 멀리 가려면 같이 간다"라는 말이 있습니다. 남들보다 얼마든지 빨리 달릴 수 있는 아이들이 있습니다. 그러니 서두르는 것은 필요 없습니다. 방향만 잘 잡는다면 이 아이들은 누구도 가보지 못한 곳까지 내달릴 것입니다. 서두르지 말고 아이들이 함께 성장할 수 있는 길을 함께 찾아갔으면 좋겠습니다.

이튼(cafe.naver.com/edencenter) 네이버 카페

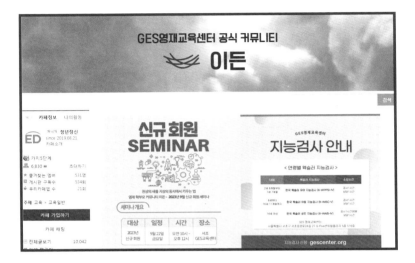

영재 교육
5계명

1. 아이의 영재성에 대해 믿음을 지킵니다.

2. 아이의 영재성을 비교와 성적으로 확인하지 않습니다.

3. 영재의 특성이 정확히 무엇인지, 지속적으로 공부하는 자세를 지킵니다.

4. 비슷한 처지에 있는 가족들을 찾아서 같이 고민하는 모임을 만듭니다.

5. 균형 성장과 정서적 안정에 최우선을 두고 큰 꿈을 잃지 않습니다.

참고자료

Part 01

- Craig, John(1958), 'Isaac Newton-Crime Investigator(아이작 뉴턴-범죄 분석가)', Nature 182(4629) : 149~152.
- Levenson, Thomas(2010), 'Newton and the Counterfeiter : The Unknown Detective Career of the World's Greatest Scientist(뉴턴과 복제품 : 역사상 최고의 과학자의 알려지지 않은 탐정 활동), Mariner Books.
- White, Michael(1997). Isaac Newton : The Last Sorcerer. Fourth Estate Limited.
- Paul Arthur Schilpp, editor(1951), Albert Einstein : Philosopher-Scientist, Volume II.
- 'Albert Einstein-Biography'. Nobel Foundation. Retrieved 7, March, 2007.
- John J. Stachel(2002), Einstein from 'B' to 'Z', Springer, pp. 59~61.
- Dudley Herschbach, 'Einstein as a Student(학생으로서의 아인슈타인)', Department of Chemistry and Chemical Biology, Harvard University, Cambridge, MA, USA.
- 'Edison' by Matthew Josephson. McGraw Hill, New York, 1959, Rosci, Marco(1977). Leonardo. p. 8.
- 'The Controversial Replica of Leonardo's Adding Machine(레오나르도의 더하기 기계의 복제품과 논란)'. Retrieved, 2010-12-22.
- Vezzosi, Alessandro(1997). 'Leonardo da Vinci : Renaissance Man(레오나르도 다 빈치 : 르네상스의 사나이).'

Part 02

- Shields, S. A. (1991). Leta Stetter Hollingworth : 'Literature of Opinion' and the study of individual differences(개인차에 대한 연구).
- Benjamin, L. T. (1975). The pioneering work of Leta Hollingworth in the psychology of women(홀링워스의 여자들의 심리학에 대한 개척자적인 연구 업적). Nebraska History, 56, 493~505.
- Chattanooga trial of 1911. 'Journal of the History of the Behavioral Sciences(행동심리학 논문집)', 27, 42~55.
- 'Universal Genius(대천재)'. New York Times : p. SM11. 16 January 1910. 'The Prodigy'. Hiqnews.megafoundation.org.

Part 03

- Minton, H.L. (1988). Lewis M. Terman : pioneer in psychology testing(심리학적 평가의 개척자). New York, NY : New York University Press.
- Terman, L.M. (Ed.). (1959). 'The gifted group at mid-life(중년에 이른 영재 그룹)'. Stanford, CA : Stanford University Press.
- Sarason, S B(1976), 'The unfortunate fate of Alfred Binet and school psychology(알프레드 비네와 학교 심리학의 불행한 운명)', Teachers College record 77 (4): 580-92.
- Asian Americans : Achievement Beyond IQ Hillsdale(지능 지수를 뛰어넘는 성취), N.J. : L. Erlbaum Associates, 1991.

- 'What is intelligence? : beyond the Flynn effect Cambridge(지능이란 무엇인가? 플린 효과를 넘어서)', UK ; New York : Cambridge University Press, 2007.
- Renzulli, J.S. (1978). What Makes Giftedness? Reexamining a Definition(영재성을 무엇으로 이뤄지나? 영재 정의에 대한 재고찰). Phi Delta Kappan, 60(3), 180~184, 261.
- Flynn, J. (1982). Bulletin of the British Psychological Society, 35, 411. Lykken, D. (2004). The New Eugenics. Contemporary Psychology, 49, 670~672.
- Lynn, Richard(1978). 'Ethnic and Racial Differences in Intelligence, International Comparisons'. Human variation : The biopsychology of age, race, and sex(지능의 민족 혹은 인종적 차이, 국제 비교 연구). Academic Press.
- Malloy, J. (2006). 'A World of Difference(차별화된 세계) : Richard Lynn Maps World Intelligence'. Gene Expression.
- Shephard, A H(1989), 'Contributions to the history of psychology(심리학 역사에 대한 기여) : LVII. Terman-Binet communication.', Perceptual and motor skills 68(3 Pt 1) : 936-8, 1989.
- SILVERMAN, H L ; KRENZEL, K(1964), 'ALFRED BINET : PROLIFIC PIONEER IN PSYCHOLOGY(알프레드 비네, 심리학의 위대한 개척자).', The Psychiatric quarterly. Supplement 38 : 323-35.

Part 04

- Acceleration for Gifted Learners, K-5[영재 학생을 위한 속진 교육(5학년)].
- Dabrowski's Theory and Existential Depression in Gifted Children and Adults(다브로우스키 이론과 영재 아동과 성인의 존재론적 불안 심리), James Webb, Ph.D.
- Judy Willis, M.D., M.Ed., Author of 'Inspiring Middle Schools Minds.'
- Unnecessary Expectations : A Lesson in How Not To Worry(불필요한 기대: 걱정하지 않는 방법에 대한 학습).
- Lisa Rivero, M.A., Author of 'Creative Home Schooling', 'A Parent's Guide to Gifted Teens' & 'Smart Teens Guide to Living with Intensity.'
  The 5 Most Important Things You Can Do to Boost Your Baby's Brain Power(당신의 아이의 두뇌를 일깨울 수 있는 5가지 중요한 사항).
- Susan Heim, Author of 'Boosting Your Baby's Brain Power.'
  Preschool Behaviors in Gifted Children(영재아들의 취학 이전의 행동들).
- Deborah L. Ruf, Ph.D., Author of '5 Levels of Gifted(5단계의 영재성)'
- Wendy Skinner, Author of 'Infinity & Zebra Stripes : Life with Gifted Children(무한함과 얼룩말의 줄무늬: 영재 아동과의 삶).'
  Talented Toddlers : Identifying and Enriching the Gifted Toddler(유아의 영재성 판별과 영재성 개발).
  ToddlersToday.com Interviews Wendy Skinner and Deborah Ruf, Ph.D.Teenager Logic.
- Nadia Webb, Psy.D., Author of 'Misdiagnosis and Dual Diagnoses of Gifted Children and Adults(영재 아동과 성인에 대한 오진과 이중 진단).'
- Interview with Tamara Fisher-Author of Intelligent Life in the Class-

room : Smart Kids and their Teachers(《교실에서의 영재 아동의 생활: 영재 아동과 교사들》 저자).

- James Webb, Ph.D., Janet Gore, M.Ed., Edward Amend, Psy.D., & Arlene DeVries, M.S.E., Authors of 'A Parent's Guide to Gifted Children(《영재 아동 부모를 위한 지침서》 저자).'
- Is Your School Setting Healthy or Toxic?(학교 생활은 건강한가? 또는 독이 되는가?)
- Lisa Rivero, M.A., Author of 'Creative Home Schooling(창조적인 홈스쿨링)', 'A Parent's Guide to Gifted Teens(영재 아동 부모를 위한 지침서)', 'Smart Teens Guide to Living with Intensity(과도성을 가진 십대 영재와의 생활 지침서)', The Do's and Don'ts for Raising Gifted Kids(영재 아동 양육에서 해야 될 것과 해서는 안 되는 것) 등의 저자.
- By Joanne F. Foster, Ed.D., Author of 'Being Smart about Gifted Education(영재 교육 제대로 하기), Mental Health Misdiagnosis Among Gifted Children(영재 아동에 대한 정신 건강 오진).
- Arlene R. DeVries, M.S.E., Co-Author of 'A Parent's Guide to Gifted Children' and 'Gifted Parent Groups : The SENG Model.'
- Helping Sensitive Children Cope in Difficult Times(곤경에 처한 예민한 아동에 대한 도움말)
  Dona Matthews, Ph.D. and Joanne Foster, Ed.D., Authors of 'Being Smart about Gifted Education'
- 'Pushy Parents' … Bad Rap or Necessary Role?(성공을 강박하는 부모 … 해로운 잔소리인가? 필수적인 역할인가?), Arlene R. DeVries, M.S.E.

(개정판)

영재성 바로 알기

제1판 1쇄 2016년 6월 7일
제2판 1쇄 2023년 12월 15일

지은이 지형범
펴낸이 한성주
펴낸곳 ㈜두드림미디어
책임편집 배성분
디자인 디자인 뜰채 apexmino@hanmail.net

㈜두드림미디어
등   록 2015년 3월 25일(제2022-000009호)
주   소 서울시 강서구 공항대로 219, 620호, 621호
전   화 02)333-3577
팩   스 02)6455-3477
이메일 dodreamedia@naver.com(원고 투고 및 출판 관련 문의)
카   페 https://cafe.naver.com/dodreamedia

ISBN 979-11-93210-24-6 (03590)

**책 내용에 관한 궁금증은 표지 앞날개에 있는 저자의 이메일이나
저자의 각종 SNS 연락처로 문의해주시길 바랍니다.**

책값은 뒤표지에 있습니다.
파본은 구입하신 서점에서 교환해드립니다.